航空类专业职业教育系列"十三五"规划教材

航空地面设备概论

殷向东　张　鹏　编著

西北工业大学出版社

西　安

【内容简介】 本书主要包括民航基础知识、各类航空地面设备原理与操作、航空地面设备管理、主要航空地面设备厂商简介以及航空地面设备的历史与未来等内容。

本书可作为应用型本科、高职类院校的航空类专业教材,也可供从事航空地面设备的生产、使用、维护及管理的人员参考使用。

图书在版编目(CIP)数据

航空地面设备概论 / 殷向东,张鹏编著. —西安：西北工业大学出版社,2020.9
航空类专业职业教育系列"十三五"规划教材
ISBN 978-7-5612-7246-6

Ⅰ. ①航… Ⅱ. ①殷… ②张… Ⅲ. ①航空设备-地面设备-职业教育-教材 Ⅳ. ①V24

中国版本图书馆 CIP 数据核字(2020)第 163099 号

HANGKONG DIMIAN SHEBEI GAILUN

航 空 地 面 设 备 概 论

责任编辑：李阿盟　刘　敏		策划编辑：华一瑾	
责任校对：孙　倩		装帧设计：董晓伟	

出版发行：西北工业大学出版社
通信地址：西安市友谊西路 127 号　　邮编：710072
电　　话：(029)88491757,88493844
网　　址：www.nwpup.com
印　刷　者：陕西向阳印务有限公司
开　　本：787 mm×1 092 mm　　1/16
印　　张：12.125
字　　数：318 千字
版　　次：2020 年 9 月第 1 版　　2020 年 9 月第 1 次印刷
定　　价：42.00 元

前　言

本书可作为初学航空地面设备和初次从事航空地面设备相关工作的人员的启蒙教材。

随着中国民航业的快速发展,飞机和机场数量不断增加,国内各机场的运输周转量也在持续增加。未来20年,我国作为人口大国,民航运输市场需求还将处于快速增长期,因此我国将成为全球最大的航空市场。由于每个机场都必须根据其航班规模配备相应数量的航空地面设备,所以民航运输业的高速发展带来了航空地面设备需求量的不断增加。据统计,我国民航业每年在航空地面设备上的投入至少是30亿元人民币,全球每年航空地面设备的需求量则超过500亿元人民币。航空地面设备的增加直接带来相关专业人才数量需求的增加。

航空地面设备的固定资产总值在机场(除去建筑和跑道)和航空公司的固定资产总值中占了一半。航空地面设备种类多、价格高、操作与维修复杂、技术更新节奏快,所涉及的专业知识包含了机械、液压、微电子、可编程计算机等先进技术以及它们的综合应用。近年来,航空地面设备还加速向电动化和智能化转型,因此对相关人才的素质要求也越来越高。

在上述背景下,应行业对人才的迫切需求,多所院校近年来开设了航空地面设备维修专业,各民航企事业单位的大量相关从业人员也需要学习和培训新知识,因此,笔者编写了本书。通过学习本书,读者可全面地了解航空地面设备的运行环境、基本结构、工作原理等,获得难度适宜、范围宽广的航空地面设备总体视角,为更深入的专业学习打下良好的基础。

本书共7章,第1,2,4章由殷向东编写,第3,5~7章由张鹏编写。

在编写本书的过程中参考了国内外的书籍和资料,在此对所引用的参考文献和资料的作者表示衷心的感谢!

由于水平有限,书中不足之处在所难免,敬请读者批评指正。

编　者
2020 年 7 月

目　　录

第1章 航空地面设备基础知识

航空地面设备是在机场规定的区域内(主要为航空器活动区)为飞机(如无特别说明,本书中的飞机均指民用运输类飞机)提供各种勤务保障或地面支援的设备总称,主要指各类民航特种车辆。

如同人类的生活离不开各类生活设施的支持,飞机的运行也离不开航空地面设备的支持。飞机的飞行需要添加燃料以供发动机运转,因此需要飞机加油设备;装载旅客飞行需要旅客的地面运输和登机设备;行动不便旅客无法正常登机,需要专用的登机设备;旅客在飞行途中需要饮食,因此需要食品运输和装载设备;旅客在飞行途中需要饮用水,因此需要饮用水添加设备;旅客在飞行途中会产生生活垃圾,这些垃圾在飞机着陆后需要清理,因此需要垃圾的运输设备;飞机上的厕所在飞行中会收集大量污水,这些污水在飞机着陆后需要清理,因此需要污水清理设备;装载货物的飞机需要货物的地面运输和飞机货舱装卸设备;为降低运行成本等,飞机在地面需要牵引、供电、供气和空调设备;为满足驾驶舱氧气需求,需要氧气灌充设备;冬季飞行需清除飞机表面的冰雪,因此需要除冰雪设备;等等。由于上述各种保障需求均不可或缺,所以航空地面设备是航空运输业维持正常运转必不可少的装置(见图1.1)。

在了解各类航空地面设备之前,需要了解航空地面设备的运行环境和通用结构等知识。

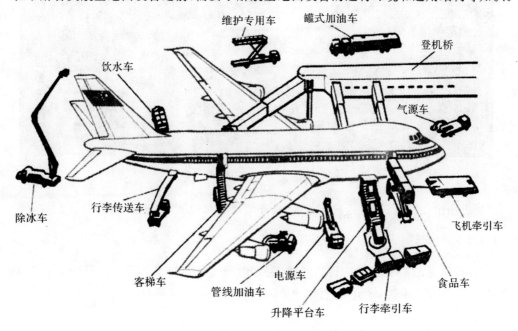

图1.1 飞机与航空地面设备的保障关系

1.1　民用机场简介

　　机场是指在陆地或水面上划定一块区域专供航空器起飞、降落、滑行、停放的场地以及与此相关联的建筑物、设施和设备的总称,是航空器飞行的起点和终点。按照服务对象可分为军用机场(见图1.2)、民用机场(见图1.3)和军民合用机场。

图1.2　军用机场

图1.3　民用机场

　　民用机场由飞行区、客货运输服务区、机务维修区和辅助设施区四部分构成。

1.1.1　飞行区

　　飞行区(见图1.4)是飞机运行的区域,主要用于飞机的起飞、着陆、滑行及停放。飞行区由跑道系统、滑行道系统、停机坪、机场净空区和飞行保障设施等构成。

图 1.4　飞行区

1. 跑道

跑道(见图 1.5)是机场的主体工程,是指在陆地上划定的一个长方形区域,供航空器起飞和着陆时使用的专用场地。跑道的数目取决于航空运输量的大小,跑道的方位主要与当地的风向有关,跑道必须具有足够的长度、宽度、强度、粗糙度、平整度以及规定的坡度。

图 1.5　跑道

(1)主跑道方向和跑道号。主跑道的方向一般和当地的主导风向一致。跑道中心线与地磁线(见图 1.6)形成的夹角被称为磁方位角,跑道的磁方位角除以 10 的商再四舍五入就是跑道号(用两位数表示)。由于顺时针转动为正,如磁方位角为267°的跑道,其跑道号为27(见图1.7),跑道号以大号字标在跑道的进近端。而这条跑道的另一端的方向是87°,跑道号为09。因此,一条跑道的两个方向有两个编号,两者相差180°,跑道号相差18。如果机场有两条跑道则用左(L)和右(R)表示。

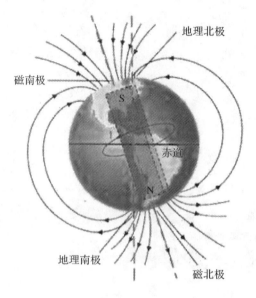

图 1.6 地磁线

图 1.7 跑道号

(2)跑道的长度。跑道的长度既是机场的关键参数,也是机场规模的重要标志。跑道的长度通常根据该机场预计起降的飞机型号而定。此外,跑道长度还取决于下列四方面的因素:一是取决于飞机的起降质量和起降速度,飞机的起降质量越大,离地速度越大,滑行距离就越长;二是取决于机场所在的地势环境,如机场的标高、地形等;三是取决于当地的气象条件,特别是地面风力、风向和气温等;四是取决于跑道条件,如道面状况、湿度和纵向坡度等。

(3)跑道的宽度。飞机在跑道上滑行、起飞、降落时有可能会偏离跑道的中心线,因此跑道应有足够的宽度,但又不宜过宽而浪费土地。通常情况下,跑道的宽度应根据飞机的翼展和主起落架外轮外侧间的距离来确定。

(4)跑道的道面结构。常见的跑道道面结构有水泥混凝土、沥青混凝土、碎石、草皮和土质等若干种。其中,水泥混凝土跑道称为刚性道面,其余的则称为柔性道面。水泥混凝土道面和沥青混凝土道面又称为高级道面。

(5)跑道标志。跑道标志包括跑道中线标志、滑行道中线标志和等待标志,如图 1.8 所示。标志线颜色采用白色和黄色。

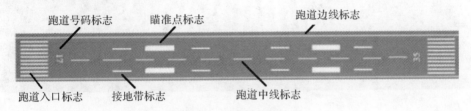

图 1.8　跑道标志总图

1)跑道入口标志。跑道端口最前面的白色"斑马线"就是跑道入口标志,虽然它长得非常像"斑马线",但是它可不是人行横道。

2)跑道号码标志。跑道入口标志前面的数字就是跑道号码,跑道号码是一个两位数,从 01 到 35。跑道两端各有一个跑道号码,两者相差 18。飞机降落时,飞行员按照管制员要求的跑道号码降落。实景图(见图 1.7)中的跑道号码是 27。

3)跑道中线标志。跑道中线标志在跑道两端的跑道号码之间设置,由均匀隔开的线段和间隙组成,线宽 15cm,如图 1.9 所示。

图 1.9　跑道中线标志

4)跑道边线标志。跑道边线标志在跑道两侧设置,余用白色连续的跑道边线,如图 1.8 所示。

5)接地带标志。接地带标志由多对对称地设置在跑道中线两侧的长方形标志块组成,飞机在接地带区域内落地都是没问题的,如图 1.8 所示。

6)瞄准点标志。瞄准点标志由两条明显的白色条块组成,对称地设置在跑道中线的两侧,用于飞机瞄准落地,如图1.8所示。

7)跑道入口前标志。跑道入口前的区域如果既不用于降落,也不用于起飞,那么就涂上黄色的跑道入口前标志,如图1.10所示。

图1.10 跑道入口前标志

2. 滑行道

滑行道(见图1.4)是机场内供飞机滑行的规定通道。滑行道提供了从跑道到候机楼区的通道,使已着陆的飞机可以迅速离开跑道,不与起飞滑行的飞机相互干扰,并尽量避免延误随即到来的飞机着陆。此外,滑行道还提供了飞机由候机楼区进入跑道的通道。滑行道可将功能不同的分区(飞行区、候机楼区、飞机停放区、维修区及供应区)连接起来,使机场最大限度地发挥其容量潜力并提高运行效率。

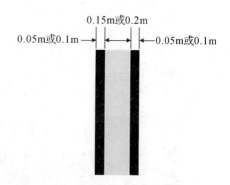

图1.11 滑行道中线标志规格

(1)滑行道中线标志为0.15m或0.2m宽的连续实线(见图1.11),标志线颜色采用黄色。在直线段应沿中线设置(见图1.12),弯线处应设置在与道面两侧边缘相等距离的中间位置上。在滑行道与跑道交会处(见图1.13),滑行道中线标志应以曲线形式转向跑道中线标志。

图1.12 滑行道中线标志

图 1.13　与跑道交会处的滑行道

(2)等待标志(见图 1.14)。等待标志设置在滑行道和跑道相交处一段距离(见图 1.13)。飞机从滑行道滑行至此后,等待空管的指令。只有收到明确的空管放行指令后才可以穿过等待标志,其主要目的是为了保护跑道不被入侵以及仪表着陆系统的信号不被干扰。等待标志的颜色采用黄色。

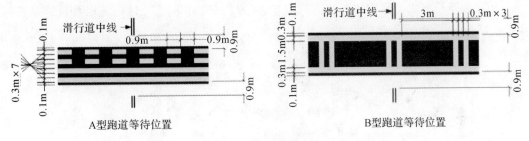

图 1.14　等待标志

3.停机坪

停机坪(见图 1.15)是飞机停放和旅客登机的地方。停机坪包括站坪、维修机坪、隔离机坪、等候机位机坪和等待起飞机坪等。飞机在站坪进行卸装货物、加油;在停机坪过夜、维修和长时间停放。停机坪上设有供飞机停放而划定的位置,简称为机位(见图 1.16)。

图 1.15　停机坪

图 1.16　机位

　　停机坪的平面布局受以下因素的影响。

　　(1)机位数量。机位数量取决于高峰时段每小时飞机的起降架次数、飞机占用机位的时间。

　　(2)机位尺寸。机位尺寸主要取决于飞机的几何尺寸(机长和翼展)、转动半径以及与建筑物之间的距离。

　　(3)飞机的停靠方位及进出机位方式。飞机相对于门位的停靠方位有与机身平行、机头垂直(或斜角)向内、机头垂直(或斜角)向外等几种。飞机进出机位既可依靠自身动力,也可靠牵引车拖(推)动。

　　(4)旅客登机方式。旅客的登机方式有三种:步行登机(见图 1.17)、使用登机桥登机(见图 1.18)和用摆渡车运送登机。

图 1.17　步行登机

图 1.18　使用登机桥登机

(5)飞机地面勤务要求。飞机停放在机位上时需要地勤服务保障,由各种地勤服务车辆和设备为飞机服务。如果用专用的设备取代地面车辆为飞机服务就可减少在站坪上活动的地勤服务车辆,这样不仅可以减少机坪的面积,而且还有利于飞机运行的安全。

(6)机位标志。机位标志的颜色采用黄色,主要包括机位标识标志(见图 1.19)、引入线、转弯开始线、转弯线、对准线、停止线和引出线。

图 1.19　机位标识标志

(7)机坪安全线。机坪安全线的颜色必须鲜明并与机位标志的颜色有明显的反差,以便利用机坪安全线标出飞机安全区域(见图 1.20)、地面设备停放区(见图 1.21)、工作道路和旅客通道等。

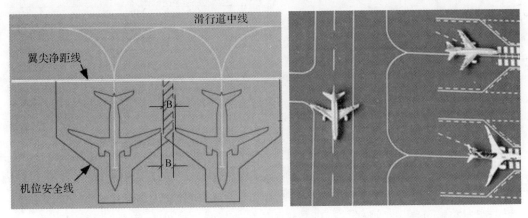

图 1.20　飞机安全区域

图 1.21　地面设备停放区

4.机场净空区

机场净空区是为保证飞机起飞、着陆和复飞的安全，在机场周围划定的限制地貌、地物高度的空间区域(见图 1.22)。机场净空区由升降带、端净空区和侧净空区组成，其范围和规格根据机场等级确定。

升降带是为了保证飞机起飞、着陆滑跑的安全，以跑道为中心在其周围划定的一个区域；端净空区是为了保证飞机起飞爬升和着陆下降安全而限制物体高度的空间区域；侧净空区是从升降带和端净空区限制面边线开始，至机场净空区边线所构成的限制物体高度的区域，由过渡面、内水平面、锥形面和外水平面组成。

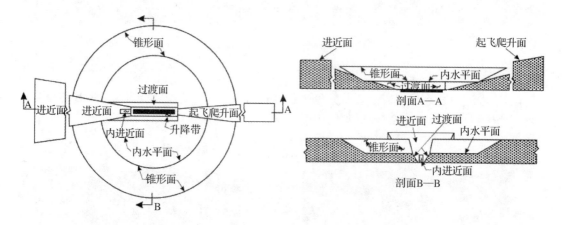

图 1.22　机场净空区

5.飞行保障设施

飞行保障设施主要由地面活动引导和管制系统、空中交通管制系统组成。

(1)地面活动引导和管制系统是由助航设备、设施和程序构成的系统。该系统的主要作用是能够安全地解决飞机在机场运行中提出的地面活动要求，即：防止飞机与飞机、飞机与车辆、飞机与障碍物、车辆与车辆、车辆与障碍物的碰撞等。对于能见度良好、交通量不大的小机场，该系统比较简单，可使用目视标记牌和一套机场交通规则。而对于能见度低和起降繁忙的大机场来说，则需要使用复杂的Ⅰ、Ⅱ、Ⅲ类助航系统。

(2)空中交通管制系统是用于防止飞机在空中或地面上相撞，并引导飞行器准时、安全起飞和降落的控制系统。如飞机开始准备飞行,做出飞行计划(飞行时间、航线、飞行高度、目的地),送入飞行控制中心的计算机中。地面上有很多飞行控制中心,每个中心控制一定地区的飞机飞行。由飞行中心计算机再把飞行计划传送给邻近的飞行中心计算机。在飞行中,不断地修改飞行计划。控制和监视主要是进港、离港和空中飞行的两大程序。

1.1.2　客货运输服务区

客货运输服务区也称航站区,是为旅客、货物、邮件运输服务的区域。区域内的设施包括机坪(站坪)、候机楼(见图 1.23)和站前停车设施等,其主体建筑为候机楼,也称航站楼。货运量较大的机场还设有专门的货运站或货运楼。

图 1.23　候机楼

1.1.3　机务维修区

机务维修区通常包括维修机坪、维修机库(见图 1.24)、维修工厂或维修车间、航空器材库等,为飞机和机上各种设备提供维修服务。

图 1.24　维修机库

1.1.4　辅助设施区

机场辅助设施主要包括三大部分:一是航空油料的储存(见图 1.25)、供应和飞机加油设施;二是机场消防和急救设施;三是供水、供电、供热、供冷、污水污物处理、通信、交通、保安等公用设施和市政设施。

图 1.25　机场油库

1.2　航空地面设备的分类

1.1.1　根据使用目的分类

航空地面设备根据其使用目的分为机务保障类设备、地面服务类设备和飞机加油设备。

(1)机务保障类设备分为电源车、气源车、空调车、牵引车、除冰车和充氧车。

(2)地面服务类设备又细分为旅客服务类设备和货运类设备。

旅客服务类设备分为客梯车、食品车、饮水车、污水车、垃圾车、摆渡车和行动不便旅客登机车。

货运类设备分为升降平台车、行李传送车和行李牵引车。

(3)飞机加油设备分为管线加油车、罐式加油车和多功能车。

1.1.2　根据底盘结构分类

若按照航空地面设备的底盘结构构成划分,可分为二类底盘航空地面设备和专用底盘航空地面设备。

二类底盘航空地面设备是在已经定型的二类汽车底盘基础上按照航空地面设备的需要加装相应特种设备所构成的航空地面设备,如图 1.26 所示;专用底盘航空地面设备是在专门设计的特殊底盘上安装了特种设备的航空地面设备,如图 1.27 所示。

图 1.26　采用二类底盘的航空地面设备

图 1.27 采用专用底盘的航空地面设备

1.3 航空地面设备基本结构

1.3.1 航空地面设备的总体结构

航空地面设备的总体结构是在汽车底盘上加装特种设备,从而成为一种既可以自行移动,又能为飞机提供某种保障服务的特种车辆。因此,要了解航空地面设备的结构,必须先了解汽车底盘的结构。

根据动力来源区分,汽车底盘可分为内燃式和电动式。随着科技的进步和环保政策的要求,除飞机加油车和飞机除冰车外,电动式底盘将在航空地面设备中全面普及。

根据设计目的区分,航空地面设备采用的汽车底盘又可分为专用底盘和二类商用汽车底盘(见图 1.28)。专用底盘是单独为某种车辆设计以满足某种特殊要求的底盘,一般不能用于其他车辆。二类商用汽车底盘是通用底盘,可在此通用底盘上加装各类设施以改装成不同用途的车辆。

图 1.28 二类商用汽车底盘

商用汽车底盘分类如下:

一类底盘:指通常意义上的整车,包括了汽车的全部系统。

二类底盘:指只缺少车厢系统总成的汽车,有驾驶区和车前仪表、操作系统等零件,可以行驶。二类底盘广泛应用于各类特种车辆改装,如改装成洒水车、垃圾车和液化气槽车。

三类底盘:指不装车身而安装有动力装置及传动装置、前后桥、转向器、悬架装置、车轮及轮胎、制动系统等总成,不能行驶,如校车底盘、客车底盘。

四类底盘:指无车架的散装件和总成件,是汽车全部底盘系统的零部件。

1.3.2 内燃式汽车底盘结构

内燃式汽车底盘由传动系、行驶系、转向系、制动系和发动机组成,如图1.29所示。

(1)传动系:主要由离合器、变速器、万向节、传动轴和驱动桥等组成。

(2)行驶系:由车架、车桥、悬架和车轮等部分组成。

(3)转向系:由方向盘、转向器、转向节、转向节臂、横拉杆和直拉杆等组成。

(4)制动系:液压制动装置由制动踏板、制动总泵、分泵、鼓式(车轮)制动器和油管等组成;气压制动装置由制动踏板、空气压缩机、气压表、制动阀、制动气室、鼓式(车轮)制动器和气管等组成。

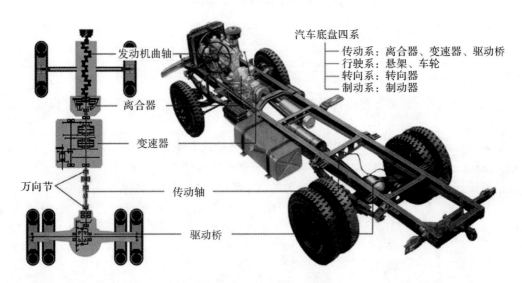

图1.29 内燃式汽车底盘结构

(5)发动机:由于汽油易燃易爆,所以航空地面设备的底盘只能采用柴油发动机作为动力装置。柴油发动机(见图1.30)由机体、两大机构(曲柄连杆机构、配气机构)和四大系统(燃料供给系统、润滑系统、冷却系统和启动系统)组成。其中,机体是组成柴油机的框架,由气缸体、曲轴箱组成;曲柄连杆机构由活塞连杆组和曲轴飞轮组等部分组成。

1.3.3 电动式汽车底盘结构

电动式汽车底盘(见图1.31)主要由电力电源系统、驱动电机系统、整车控制器和辅助系统组成。脚

图1.30 柴油发动机

踩加速踏板时,加速踏板位置传感器发出的信号输入电子控制器并通过控制功率变换器来调节电动机输出的转矩或转速,电动机输出的转矩通过汽车传动系统驱动车轮转动。在汽车行驶时,蓄电池经功率变换器向电动机供电。当电动汽车采用电制动时,驱动电机运行在发电状态,将汽车的部分动能回馈给蓄电池以对其充电,并延长电动汽车的续驶里程。

图 1.31　电动式汽车底盘

1.电源系统

电源系统主要包括动力电池(见图 1.32)、电池管理系统、车载充电器及辅助动力源等。动力电池是电动汽车的动力源,是能量的存储装置。电池管理系统实时监控动力电池的使用情况,对动力电池的端电压、内阻、温度、蓄电池电解液浓度、电池剩余电量、放电时间、放电电流或放电深度等状态参数进行检测,并按动力电池对环境温度的要求进行调温控制,通过限流控制避免动力蓄电池过充、过放电,对有关参数进行显示和报警,其信号发送至辅助系统,并在组合仪表上显示相关信息,以便驾驶员随时掌握车辆信息。车载充电器是把民用电网供电制式转换为对动力电池充电要求的制式,即把交流电(220V 或 380V)转换为直流电(240～410V)。辅助动力源一般为 12V 或 24V 直流低压电源,它主要给动力转向、制动力调节控制、照明、空调、电动车窗等各种辅助用电装置提供所需的能源。

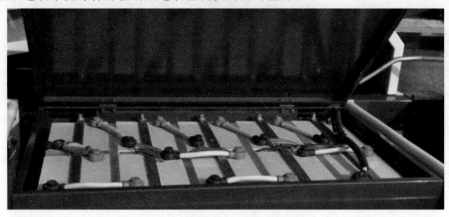

图 1.32　电动式汽车底盘的动力电池

2. 驱动电机系统

驱动电机系统是电动汽车底盘的核心,也是区别于内燃机汽车的最大不同点。驱动电机系统由电子控制器、功率变换器、驱动电机(见图 1.33)、机械传动装置和车轮等部分构成。驱动电机系统将存储在蓄电池中的电能高效地转化为车轮的动能进而推进汽车行驶,并能够在汽车减速制动或者下坡时,实现再生制动。驱动电机的作用是将电源的电能转化为机械能,通过传动装置驱动或直接驱动车轮。

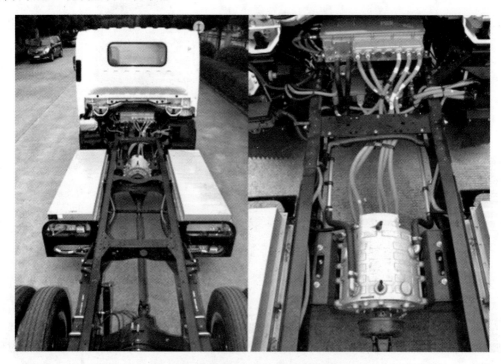

图 1.33　电动式汽车底盘及其驱动电机

3. 整车控制器

整车控制器(见图 1.34)是电机系统的控制中心。

图 1.34　整车控制器

整车控制器对所有的输入信号进行处理,并将电机控制系统运行状态的信息发送给整车控制器。根据驾驶员输入的加速踏板和制动踏板的信号,向电机控制器发出相应的控制指令,对电机进行启动、加速、减速和制动控制。在电动式汽车减速和下坡滑行时,整车控制器配合电源系统的电池管理系统进行发电反馈,使动力蓄电池反向充电。整车控制器还对动力蓄电池充放电过程进行控制。对于与汽车行驶状况有关的速度、功率、电压、电流等信息传输到车载信息显示系统进行相应的数字或模拟显示。

电机控制器内含功能诊断电路。当诊断出现异常时,它将会激活一个错误代码,发送给整车控制器。电机控制系统使用了以下传感器来提供电机的工作信息。

(1)电流传感器:用于检测电机工作的实际电流(包括母线电流、三相交流电流);

(2)电压传感器:用于检测供给电机控制器工作的实际电压(包括高压电池电压、蓄电池电压);

(3)温度传感器:用于检测电机控制系统的工作温度(包括模块温度、电机控制器温度)。

4. 辅助系统

辅助系统包括车载信息显示系统(见图 1.35)、动力转向系统、导航系统、空调、照明及除霜装置、刮水器和收音机等,通过这些辅助设备来提高汽车的可操纵性和乘员的舒适性。

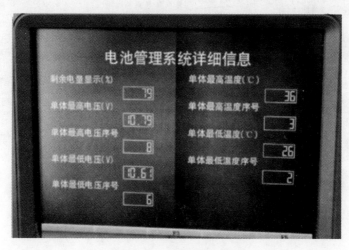

图 1.35　车载信息显示系统

第 2 章　地面服务类航空地面设备

地面服务类航空地面设备(见图 2.1)主要用于为飞机的客、货运提供勤务保障,包括客梯车、摆渡车、饮水车、污水车、配餐车、垃圾车、行动不便旅客登机车、升降平台车、行李牵引车以及行李传送车等。

图 2.1　地面服务类航空地面设备

2.1　客梯车

2.1.1　概述

小型客机的客舱门离地高度较低(见图 2.2),一般在 1m 左右,可将客舱门做成能向下翻转的舷梯(见图 2.3),旅客可借助该舷梯登机;大中型客机的客舱门高度离地面一般都在 2m 以上,难以将舱门设计成舷梯,因此旅客必须借助登机设备登机。这些登机设备包括客梯车和登机桥两种。当飞机停靠在与航站楼相邻的机位时,飞机客舱门可以与登机桥对接,旅客使用登机桥登机(见图 1.18);当飞机停留在远离航站楼的机位时则无法对接登机桥,此时旅客必须使用客梯车登机。

图 2.2 小型客机舱门关闭

图 2.3 小型客机舱门打开

客梯车(见图 2.4)又被称为旅客登机梯,是一种供机组和旅客上、下飞机的航空地面设备。客梯车灵活机动,既可根据飞机停放情况在不同地点作业,又可根据具体的机型改变梯身高度,具有广泛的用途。

图 2.4 客梯车

2.1.2 总体结构

客梯车由底盘、登机梯、车身稳定系统、液压系统和电气控制系统组成(见图 2.5)。

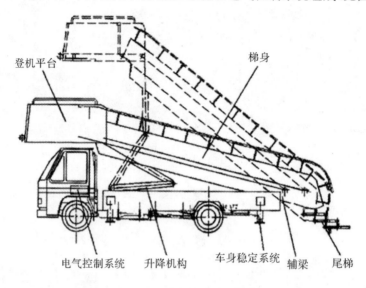

图 2.5 内燃式客梯车结构图

客梯车底盘采用二类底盘或专用底盘,根据动力不同分为内燃式和电动式(见图 2.6)。此外,还有简易型电动式客梯车(见图 2.7 和图 2.8)、手推式(见图 2.9)或拖曳式客梯车(见图 2.10),均采用手动液压泵调节登机平台的高度。这些客梯车成本低,结构简单,但是移动速度较慢,一般用于对机动范围要求较小的机场。

图 2.6 电动式客梯车

图 2.7　简易型电动式客梯车一

图 2.8　简易型电动式客梯车二

图 2.9　手推式客梯车

图 2.10　拖曳式客梯车

　　登机梯由梯身、登机平台、尾梯和升降机构(见图 2.11)组成,是实现旅客登机的主要工作设备。梯身包含数十级台阶,每级台阶可允许并排站立两人。台阶上有防滑花纹和排水孔,梯身两侧安装了扶手栏板。尾梯安装在梯身尾部,当客梯车的支腿放下时,尾梯自动向下翻转至地面与梯身形成一个整体以便旅客登机;当支腿收起时,尾梯自动向上翻转以便客梯车行驶。有些客梯车没有安装尾梯,其梯身尾部延伸至距地面一级台阶的高度。登机平台安装在梯身前端,包含固定平台和活动平台。活动平台安装在固定平台上,其前端装有缓冲橡胶管。有些客梯车的登机梯包含固定梯和活动梯,活动梯可沿固定梯上的导轨滑动来增加梯身的高度和长度(见图 2.12),以便和客舱门较高的大型客机对接(见图 2.13)。为了方便旅客在雨天登机,梯身可安装雨棚(见图 2.14)。

图 2.11　登机梯升降机构

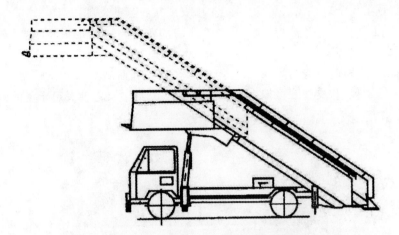

图 2.12　有活动梯的客梯车结构图

图 2.13　无尾梯、有活动梯的客梯车

图 2.14　梯身安装了雨棚的客梯车

车身稳定系统用于对接飞机后稳定车身,由安装在底盘的支腿(见图 2.15)组成。当旅客登机时,登机梯上的旅客可达数十人,这些旅客本身的质量及其登机所产生的动载荷是客梯车底盘所不能承受的。当支腿牢固支撑于地面时,客梯车与登机梯上旅客的质量将由支腿来承受,同时也减小了登机时车身的晃动。此外,由于客梯车侧面的迎风面积较大,所以客梯车不能承受过大的侧面风速,支腿既可提高客梯车的侧向稳定性,又能使其可承受的侧面风速得到提高。

图 2.15　客梯车的支腿

液压系统的执行机构包括活动平台伸缩油缸、梯身升降油缸、支腿收放油缸、固定平台水平保持油缸和尾梯收放油缸。活动平台伸缩油缸使活动平台向前伸出以对接飞机客舱门;梯身升降油缸与升降机构使梯身绕后端辅梁旋转升高,从而使登机平台升至飞机客舱门高度,同时登机平台和梯身台阶在固定平台水平保持油缸的驱动下反方向旋转相同角度以始终保持水平;支腿收放油缸用于支腿的收放;尾梯收放油缸用于驱动尾梯的翻转。

采用内燃式底盘的客梯车,其液压系统中的液压泵由底盘发动机通过取力器驱动;电动式底盘客梯车则由电动机驱动液压泵。除底盘外,内燃式客梯车和电动式客梯车的其他结构一致。

电气控制系统主要用于控制液压系统、灯光和应急装置,其操作台位于驾驶室和登机平台上(见图 2.16)。

图 2.16　驾驶室的电气控制系统

2.1.3　技术参数

以 TK－KT44 型客梯车(见图 2.17)为例说明内燃式客梯车的主要技术参数(见表 2.1)。

表 2.1　TK－KT44 型客梯车主要技术参数

整车外形(长×宽×高)	8 780mm×2 200mm×3 200mm
客梯工作范围	2 200～4 400mm
整车整备质量	5 200kg
前桥负荷	2 000kg
后桥负荷	3 200kg
有效负荷	3 300kg(44 人)
台阶负荷	210kg
平台负荷	900kg
最高车速	45km/h
最低稳定车速	1km/h

图 2.17　TK－KT44 型内燃式客梯车

以 TK－KT44 电动式客梯车(见图 2.18)为例说明电动式客梯车的参数(见表 2.2)。

表 2.2　TK－KT44 电动式客梯车主要技术参数

整车外形(长×宽×高)	6 680mm×1 920mm×3 760mm
总质量	2 030kg
最小离地间隙	185mm

续 表

最大行驶速度	20km/h
登机平台离地高度	2 600～3 400mm
登机梯阶梯级数	15 级
登机梯倾斜角度	31°～39°
最大负荷	32 人
驱动电机	直流电动机 XQ-3-6H1
蓄电池(8 只)	3DG-220(6V)
驾驶室结构	半封闭

图 2.18 TK-KT44 电动式客梯车

2.1.4 工作原理

先利用底盘动力自行行驶或以其他方式机动到飞机客舱门下方,然后利用液压系统放下支腿以稳定车身和承受车身及登机人员的载荷,再将登机梯升高,使登机平台的高度与飞机客舱门下缘相同,再将登机平台的活动平台向前伸出与舱门对接,从而为机组和旅客提供一个可以上、下飞机的牢固梯子。

操作程序:

1.准备工作(本书中其他航空地面设备的准备工作略)

(1)客梯车操作员在机场第一个航班预计起飞前 90min 到岗,了解航班信息、工作安排。

(2)客梯车操作员必须携带中华人民共和国机动车驾驶证、航空器活动区机动车驾驶证和航空器活动区通行证;客梯车必须携带航空器活动区机动车牌、航空器活动区行驶证和机动车年检合格标志。

（3）检查车辆状况：按照随车检查与保养的要求和标准，对车辆进行技术状况检查（见图2.19），确认技术状况良好并阅读操作规程。

图 2.19　工作人员检查车辆状况

2. 到达指定位置的时间和要求（本书中其他航空地面设备的到达时间和要求略）

（1）进站和过站飞机在到达停靠前 5min 内到达指定位置。

（2）出站的中小型飞机提前 90min 到达指定位置，大型飞机提前 120min 到达指定位置。

（3）执行临时保障任务时，在保障时间前 30min 以上通知的，按保障时间到达指定位置。在保障时间前 30min 以内通知的，接到通知后 15min 内到达指定位置。

（4）中小型飞机通常需要一辆客梯车实施保障，大型飞机通常需要两辆客梯车实施保障。

（5）到达指定位置是指客梯车在机头左侧 20m 外的作业等待区等候（见图 2.20），车头朝向飞机并垂直于飞机滑行线。两辆车同时候机时可并排停放，但不得影响飞机滑行。

图 2.20　在指定位置等候

(6)使用一辆客梯车时一般对接 L1 门,使用两辆客梯车时分别对接 L1 和 L2 门(见图 2.21)。

图 2.21　使用两辆客梯车

3. 对接飞机操作

(1)驾驶客梯车按规定路线行驶,并将车停放至指定的作业等待区。

(2)只有在飞机进入机位并处于安全靠泊状态(工作位一侧的飞机发动机关闭、航行灯关闭、飞机轮挡放好、飞机刹车松开)(见图 2.22)、指挥员给出可以接近飞机实施作业的指令后,客梯车才可接近飞机。

图 2.22　放飞机轮挡

(3)操作员按照"二次靠机法"驾驶客梯车接近飞机:以不超过 5km/h 的速度向飞机行驶,在离飞机 20m 处刹车并停稳,在确认刹车功能完好后,在指挥员的指挥下以不超过 5km/h 的速度对准客舱门行驶。当距飞机客舱门 5m 时再次停车,并启动液压系统把登机梯升至飞机客舱门高度,再以不超过 2km/h 的速度对准客舱门行驶。指挥员一般为指定的地勤人员或飞机监护人员。在客梯车前方指挥、引导过程中,指挥员一边与客梯车操作员保持手势交流,一边手持随动轮挡(见图 2.23)在地面拖行,以便在突发情况下以最快速度把轮挡推至客梯车前轮处阻止客梯车继续行驶(见图 2.24 和图 2.25)。

图 2.23 随动轮挡

图 2.24 指挥员指挥引导一

图 2.25 指挥员指挥引导二

(4)当登机平台前端的缓冲胶管距飞机约 30cm 时停车,由指挥员放好轮挡,其中前轮轮挡为随动轮挡,后轮轮挡用专用轮挡(见图 2.26)。操作员拉手刹并启动液压系统(内燃式客梯车挂合取力器,电动式客梯车启动电动泵),放下支腿,再操作活动平台向前伸出。当缓冲胶管距机身 2～5cm 时,停止活动平台的伸出并关闭液压系统和发动机。

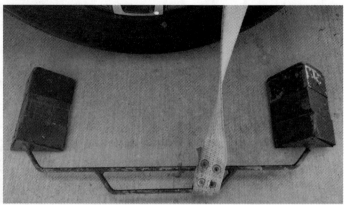

图 2.26　一种航空地面设备后轮专用轮挡

(5)客梯车操作员走上登机平台,拍打舱门示意乘务员打开客舱门,舱门打开后将两侧扶手挡板拉到距机身 10～25cm 处并锁定。在客梯车工作期间,操作员不得擅自离开作业现场(见图 2.27)。当旅客上下飞机时,操作员须时刻观察登机平台与飞机间的安全距离、登机平台的高度,以便在出现问题时能及时调整。

图 2.27　客梯车驾驶员不得擅自离开作业现场

4.撤离飞机操作

(1)拉回登机平台两侧的扶手栏板并锁定,然后示意乘务员关闭客舱门。

(2)绕车一周检查无异常情况后,启动液压系统,缩回活动平台,收起支腿。

（3）在指挥员指挥下，以不超过 5km/h 速度鸣号倒车（此时前轮轮挡保持原位）至距飞机 5m 后停车，然后启动液压系统将登机梯降至最低位置，由指挥员取回轮挡，放回客梯车，再以 5km/h 速度撤离机位。

（4）将客梯车停放到指定位置，拉手刹，放轮挡，关闭电源和门窗，最后将启动钥匙与客梯车分离存放。

2.2　摆渡车

2.2.1　概述

对于大中型机场，航班数量多，而紧靠航站楼的近机位少，且建设一个近机位所需要资金多，因此大多数飞机停留在了远机位。当飞机停留在近机位时，候机厅与飞机之间通过登机桥直接相连（见图 2.28），旅客可通过登机桥直接登上飞机；当飞机停留在远机位时，若旅客步行抵达飞机则耗时太多，不利于提升机场运行效率，遇上恶劣天气时旅客还要经受风吹日晒、雨雪冰霜的侵袭，且停机坪上的飞机和车辆众多，对步行旅客的安全造成威胁，因此旅客需借助交通工具安全、快速地抵达飞机，而摆渡车即是用于在航站楼候机厅与远机位飞机之间短途运送旅客的交通工具（见图 2.29）。

摆渡车大体可分为三类：第一类是采用重型鞍式牵引头加大型客车车厢组成的半挂式摆渡车；第二类是城市公交车的变型车；第三类是根据机场需要专门设计的摆渡车（见图 2.30）。本书仅介绍最常用的第三类摆渡车。与普通客车或公共汽车相比，摆渡车的不同点是仅行驶在航空器活动区域，且工作环境噪声大。由于摆渡车的使用范围仅限于机坪，其外形尺寸不受公路法规的限制，所以大多采用前置发动机、前轮驱动和低车厢地板结构形式。一般在设计时需要注重整车使用空间的设计并尽量满足旅客对乘车舒适性的要求。

图 2.28　停留在近机位的飞机与登机桥相连

图 2.29　旅客乘坐摆渡车登机

图 2.30　根据机场需要专门设计的摆渡车

2.2.2　总体结构

摆渡车主要由底盘、车厢和气路控制系统构成,其中,底盘可采用内燃式或电动式。摆渡车具有底盘低、容积大、载客量大、行驶安全和上下客人方便的基本特点。

本书以德国康特(Contrac)公司的 COBUS-3000 型摆渡车为例来说明。

考虑旅客携带行李箱的情况,一辆 COBUS-3000 平均能容纳 112 名旅客。以国内民用航空公司现役数量最多的 B737 和 A320 型客机的载客量(150～180 人)来看,两辆 COBUS-3000 就能一次性接送所有旅客。相比之下,传统的 12m 长的城市公交车的载客量在 50 人左右,因

图 2.31　COBUS-3000 型摆渡车和公交车的载客量对比图

此 COBUS - 3000 可以实现更高的运送效率(见图 2.31)。

为了能让携带行李的旅客迅速上下车,COBUS - 3000 采用了超低的车厢地板设计,还可利用气控系统控制空气悬挂装置来降低车辆一侧的高度,相当于使车身向一侧倾斜,使上下车一侧的车厢地板降低 10cm,以便行李箱进出车厢(见图 2.32)。

图 2.32　COBUS - 3000 型摆渡车一侧车身降低

摆渡车不仅有超大载客量,而且解决了旅客上下车的效率问题。COBUS - 3000 车身每一侧有三个超宽双开车门,三车门同时开启可让旅客快速地上下车(见图 2.30 和图 2.35)。同时,为保证安全,任一车门若没关好,车辆将无法启动。

摆渡车采用了多种先进设计以确保旅客的舒适性。例如,为降低开门侧旅客易被排气管高温气流吹到的风险,COBUS - 3000 设计了两路车辆尾气排放系统,分别位于车身两侧。当一侧的车门处于开启状态时,则该侧的排气系统处于关闭状态,尾气由另一侧的排放系统排出;采用自动变速箱,使起步更平稳、变速更顺滑;为了保证超低车厢地板的平整性,COBUS - 3000 没有采用普通客车在地板下安置驱动轴的设计(绝大多数客车因采用这个设计导致车门后会有台阶),而采用了发动机前置前驱设计(见图 2.33),且前轮位于驾驶员与旅客车厢之间;为在恶劣天气条件下使车厢内温度迅速得到调节,COBUS - 3000 采用了大功率空调,短时间内即可显著改变车厢内气温;车厢内部布局简洁、整齐,仅配置少量座椅,使得内部空间极为宽敞(见图 2.34)。

图 2.33　COBUS - 3000 型摆渡车发动机位于驾驶员右侧

图 2.34 COBUS - 3000 型摆渡车宽敞、整洁的内部空间

2.2.3 技术参数

以 COBUS - 3000 型摆渡车(见图 2.35)为例说明摆渡车的主要技术参数(见表 2.3)。

图 2.35 COBUS - 3000 型摆渡车

表 2.3 COBUS - 3000 型摆渡车主要技术参数

整车外形(长×宽×高)	13 800mm×3 000mm×3 100mm
总质量	20 000kg
轴距	7 112mm
车厢地板离地高度	150～250mm

续 表

最小转弯半径(路缘)	12 300mm
最小转弯半径(扫掠)	12 800mm
最高行驶速度	机坪内 25km/h
底盘	奔驰 BF30
车厢离地高度	290mm
载客量	132 名(无行李箱)或 108 名(带行李箱)

2.2.4　工作原理

操作程序如下：

1. 送出港航班旅客

(1)送出港航班旅客时，摆渡车先停在候机楼登机口专用停车区内适合旅客上车的位置(见图 2.36)；在等候旅客上车时，将车停在机头左侧 20m 外，车头朝向飞机，车身垂直于滑行线，在客梯车左侧。

图 2.36　旅客在登机口上车

(2)旅客上车结束后，以不超过 25km/h 的速度按规定路线行车。

(3)到达机位前减速，以不超过 5km/h 的速度接近飞机，到达距飞机头部 20m 处，距 L1 门的客梯车左后部 5m 外停车。

(4)停车拉手刹，打开车门让旅客下车。

（5）旅客全部下车后检查是否有旅客遗留物品。

2. 接进港航班旅客

接进港航班旅客与送出港航班旅客操作程序相反。

2.3 飞机饮水车

2.3.1 概述

飞机饮水车（以下简称饮水车）又称清水车，是用于为飞机添加饮用水的航空地面设备（见图 2.37）。旅客在乘坐飞机的途中需要饮用水，例如泡茶、煮咖啡或清洗餐具等，这些饮用水需在飞机起飞前加注至飞机的饮水箱。

图 2.37　饮水车为飞机加水

在飞行途中，一旦旅客出现严重的健康问题将有可能导致航班返航、紧急备降，因此饮用水在加注到饮水车前需经过严格的消毒。一般是将自来水经过紫外线杀菌后再加进饮水车，在饮水车水箱里再用氯胺 T 药片杀菌，然后用测试剂或特定仪器检测饮水车里的氯胺离子含量，如果合格（$0.3\sim0.5$mg/L）才可以加注到飞机上。按机型的不同，飞机上有一个或者数个水箱用来装载这些饮用水。水箱材料采用玻璃纤维，并由隔热层保护防止结冰。另外，为了防止细菌滋生产生污染，每天执行完飞行任务后勤务人员都要将水箱里的水排放干净，同时每星期至少对飞机饮用水系统进行一次清洗和消毒。飞机饮用水系统有专门的水消毒工卡和程序，具体的方法是将调配好的消毒液通过饮水车注入飞机饮水系统，让其在系统里停留10min，然后对整个水系统管路（水箱、厨房）进行排空，再加满纯净的饮用水对饮用水系统管路进行浸泡，这样来回排放几次进行冲洗，直到没有异味为止。在飞机厨房的饮用水出口前还安装一个活性炭水滤，此水滤能有效去除自来水中可能存在的有害物质及异味，过滤细菌、病毒和胶体等，保留有益矿物质和微量元素。这个活性炭水滤每两个星期就必须更换一次。

2.3.2　总体结构

饮水车由底盘、饮水罐、加水系统、尾架、液压系统、工作平台和电气控制系统构成(见图2.38)。饮水车一般采用二类底盘,也有饮水车使用低矮的专用底盘(见图2.44)。根据动力不同可分为内燃式底盘和电动式底盘。

图 2.38　饮水车整体结构

饮水罐罐体采用耐腐蚀、无毒的材料制造,容量一般在 1 500～4 000L 之间,也可根据用户要求定制。罐体顶部有一直径为 80mm 的加水口(见图 2.39)和数个直径不小于 400mm 的检修孔(见图 2.40),还装有能避免雨水、灰尘进入罐内的通气孔;罐体侧面装有液位指示器,能显示罐内液面的高度;罐体底部设置了沉淀槽,沉淀槽最低处装有放水阀;罐体内设置了防荡板,在承受罐体内所装介质的冲击和振荡的情况下能使行车保持稳定。

加水系统主要由水泵和输水软管组成。水泵在额定转速下,供水系统压力为 0.25～0.35MPa,流量为 120～300L/min。输水软管应采用食品级输送软管,长度至少为 5m,内径为19mm,在端头有与飞机配套的标准接头,该接头配有防尘盖。

图 2.39　给饮水罐灌充饮用水

图 2.40　饮水罐顶部的检修孔

　　尾架上设有收纳输水管的托架或消毒箱（见图 2.41）。对于波音 737 等加水口舱盖离地面较低的机型,加水员可站立在尾架的台阶上操作连接输水软管与飞机水箱接头。对于波音 737、空客 320 这样的中型客机,其水勤务面板（内含饮水接口）距地面不超过 3m,加水员站在尾架上即可完成加水操作。大型客机的饮水接口距地面 3m 以上,为便于加水,部分饮水车加装了液压升降工作平台,并且在工作平台上设置了电气控制系统的操作台。平台的面积只允许站立一人,并安装有安全护栏（见图 2.42 和图 2.43）。采用专用底盘的饮水车把工作平台等装置安装在车头驾驶室一侧（见图 2.44）,该设计便于饮水车对接飞机。

　　采用内燃式底盘的饮水车,其液压系统的液压泵通过取力器由底盘发动机驱动,电动式底盘饮水车则由电动机驱动液压泵。

　　电气控制系统主要用于控制液压系统和灯光等,其操作台位于驾驶室和工作平台上。

图 2.41　饮水车尾架

图 2.42　饮水车工作平台

图 2.43　饮水车工作平台升起

图 2.44　饮水车工作平台安装在车头

2.3.3　技术参数

以 WTJ5050GQS 型饮水车(见图 2.45)为例说明饮水车的主要技术参数(见表 2.4)。

表 2.4 WTJ5050GQS 型饮水车主要技术参数

整车外形(长×宽×高)	6 475mm×1 940mm×2 020mm
整备质量	5 970kg
轴距	3 360mm
底盘型号	JX1050TGB23
最小转弯直径	13.6m
水泵	不锈钢离心泵
水泵工作转速	2 900r/min
水泵流量	90~120L/min
饮水罐容积	2 900L
工作平台升降范围	400~2 800mm

图 2.45 WTJ5050GQS 型饮水车

2.3.4 工作原理

饮水车装满水后行驶至飞机旁,将输水管与飞机连接。若飞机水箱位置较高,可使用液压升降工作平台。底盘发动机通过取力器驱动液压系统的液压泵工作,再由液压系统将工作平台升至适当高度以便加水员把输水管连接到飞机上,然后由液压系统的液压马达驱动水泵(无工作平台的饮水车用取力器直接驱动水泵)向飞机输送饮用水(见图 2.46)。

操作程序:

1.车辆等候位置

飞机停放机坪时:于机头两侧 20m 外,车头朝向飞机并垂直于机位滑行线停放。

飞机停靠廊桥时:于机位两侧的车辆停放区内停放。

服务专机时:于指定区域停放。

图 2.46　饮水车为飞机加水

2. 车辆工作位置

根据机型的加水口舱盖来定,如:

波音 747-200C、波音 747-400:在机身右侧翼根前部;

波音 777、空客 340:在机身右侧后部;

波音 767:在机身右侧前货舱门下及后货舱门后部;

波音 737:在机身后部左侧(见图 2.47);

空客 319、空客 320:在机身后部右侧。

当规定位置的一侧有障碍物时,可从另一侧进靠飞机。

图 2.47　波音 737 飞机水勤务面板及其在机身的位置

3. 车辆进靠飞机

(1)按照"二次靠机法"接近飞机;

(2)加水员使用指挥牌引导司机倒车进入工作位置(工作平台位于车尾);

(3)停靠完成后,饮水车与飞机任何部位之间的距离不得小于 1m。

4.水泵的控制与操作

（1）司机按照加水员指令，开启水泵；

（2）供水过程中观察供水压力表的工作情况；

（3）收到加水员停止供水指令后，关闭水泵。

5.加水员供水作业

车辆停靠后加水员登上尾架的台阶或升降工作平台开始工作（见图2.48和图2.49）：

（1）打开机身的水勤务面板，查看水表显示的存留水量。

（2）打开加水口安装组件（见图2.50）。

（3）从消毒箱内取出加水管接头，排放完残留药液后，与机身加水口对接锁定，并使水管处于展开状态。

（4）确认水勤务面板内的排放开关处于关闭位置后，打开加水开关。

（5）确认加水管连接牢固后，向司机发出加水指令。

（6）水泵开始工作后，排水口应有气体排出。

（7）参照水表指示，观察排水口情况。飞机水箱满载标准：水表指示满载，同时排水口流出清水。

图2.48　加水员在升降工作平台上操作

图2.49　加水员在尾架的台阶上操作

图 2.50　波音 737 - 300 水勤务面板内部结构
(上:水箱加水阀门手柄;中:通气口、溢流口、加水口;下:水箱排水阀门手柄)

(8)排水口有水流出时,立即向司机发出结束指令。

(9)确认车辆已停止工作,关闭水勤务面板内的加水开关。

(10)分离水管接头与加水口的连接,将水管摆放到规定的位置。

(11)待加水口、排水口残留的饮用水流尽后,关闭加水口安装组件。

(12)确认排放、加水开关处于关闭位置后,关闭锁定饮水服务盖板。

(13)清理工作现场,避免遗漏工具。

6. 车辆撤离飞机

(1)加水员确认周围安全后,收好轮挡并指挥车辆撤离;

(2)司机在撤离前必须确认加水管与飞机分离并且已经收好;

(3)在加水员的指挥下,司机以不大于 5km/h 的速度按照规定的路线撤离飞机。

2.4　飞机污水车

2.4.1　概述

飞机污水车(以下简称污水车,见图 2.51)是用于排放、接收和运输飞机厕所污水以及为飞机厕所的水箱加注自来水(冲洗飞机厕所用)的航空地面设备。飞机在飞行途中会产生各类生活污水,主要包括厕所(见图 2.52)污水、洗脸池废水等,这些污水在飞行中全部汇集于飞机厕所的污水箱中。由于飞机的航路有可能位于居民区上空,所以飞机不能在飞行中排放任何污水,只能在着陆以后再排放。

航空污水在排放前均需投放化粪剂和消毒剂进行无害化处理,然后密闭排入航空污水车,运至飞机污水处理站(见图 2.53)进行一次处理。飞机污水处理站采用生物厌氧技术对污水进行过滤和降解,达到环保一级排放标准后排入机场生活污水处理中心(见图 2.54),再采用活性淤泥法进行污水二次处理。二次处理后的水可作为绿化浇灌用水循环利用,变废为宝,大大节约了清洁水资源。

图 2.51　污水车

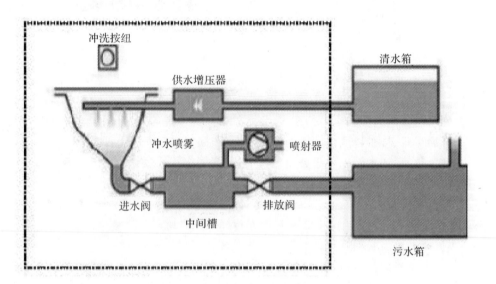

图 2.52　飞机厕所结构

图 2.53　机场飞机污水处理站

图 2.54　机场飞机污水处理中心

2.4.2　总体结构

污水车由底盘、污水接收系统、飞机污水箱清洁系统、尾架、液压升降系统和电气控制系统组成(见图 2.55 和图 2.56)。

图 2.55　污水车前部结构

图 2.56　污水车尾部结构

污水车底盘一般采用二类底盘,可分为内燃式底盘或电动式底盘。

污水接收系统由污水罐、污水接收管路及真空泵组成。污水罐的罐体采用耐腐蚀材料制造,以防止被污水腐蚀;污水罐内设防荡板,防止污水车在行驶时罐内污水的惯性损坏污水车的结构;污水罐顶部设置了通气阀和检修孔用于检修(见图2.57);污水罐侧面设置了液位计以指示管内液面高度;污水罐底部设置了排污阀,可以把罐内污水排放至机场污水池。污水接收管路由排污管、排污接头组成,排污管的内径为100mm,长度不小于5m。真空泵用于抽走污水罐内的空气,使污水罐内形成负压将飞机污水吸入污水罐,真空泵与污水罐之间设置了显示厢体内负压的真空表和防止污水进入真空泵的滤网。

图2.57 污水罐检修

飞机污水箱清洁系统由清水罐、清水软管和水泵组成,用于在排污后冲洗飞机的污水箱,并为飞机马桶清洁水箱添加自来水(见图2.58)。清水软管内径为25mm,长度不小于5m。

图2.58 排污后使用清水冲洗飞机污水箱

尾架安装在底盘后端(见图 2.56),对于排污口离地面较低的机型,排污员可站立在尾架的台阶上连接排污管与飞机排污口。有些污水车的尾架上安装了升降工作平台(见图 2.59)。

液压升降系统由液压系统、工作平台组成。液压系统中的液压泵由底盘发动机通过取力器驱动。当飞机排污口和清水接口较高时,工作人员站在升起的工作平台上对接排污管和清水软管。

图 2.59　工作平台升起

电气控制系统由仪表、指示灯、照明灯、开关及导线组成,用于控制液压系统和灯光。其控制台位于工作平台(见图 2.56)。

2.4.3　技术参数

以 5070GWS 型污水车(见图 2.60)为例说明污水车的主要技术参数(见表 2.5)。该车采用二类底盘改装而成,后置升降工作平台,中置大容量清水罐和污水罐,安装了液压马达驱动的真空泵和水泵。清水罐外壳采用不锈钢板制造,罐体底面呈圆弧形,水罐有一定倾斜度,便于排水。该污水车可广泛应用于除空客 380 外的各型客机。

表 2.5　5070GWS 型污水车主要技术参数

整车尺寸(长×宽×高)	7 315mm×2 200mm×2 360mm
总质量	8 680kg
整备质量	4 950kg
底盘	庆铃 QL1070A1HAY 手动挡
最高行驶速度	80km/h
最小离地间隙	200mm

续 表

污水箱容积	2 360L(装真空泵)/2 600L(不装真空泵)
清洁水箱容积	1 400L
供水流量	150L/min
供水压力	0.345MPa
工作平台升降范围	385~3 760mm

图 2.60　5070GWS 型污水车

2.4.4　工作原理

按照排污方式把污水车分为直流式和真空助力式两种。

直流式污水车利用重力让污水从飞机的污水箱通过排污管自然流入污水罐,该排污方式的缺点是污水流速慢、易堵塞,且排放不干净。

真空助力式污水车利用真空抽吸原理辅助飞机厕所排出污水。在污水车的排污管与飞机的排污口连接后,关闭污水罐通气阀门,利用抽气装置——真空泵把污水车上的污水罐内大部分空气抽走形成负压,从而形成对飞机污水箱的抽吸力,在大气压的作用下迫使污水箱内的污水迅速排至污水罐。采用这种方式不仅污水排放速度快,而且排放得更干净。由于直流式污水车使用较少,本书主要介绍真空助力式污水车。

污水排放完毕后,须清洁飞机污水箱,此时利用污水车的清洁系统冲洗飞机污水箱,将清洗后的废水排放至污水车的污水罐。冲洗后再给飞机清洁水箱加满自来水。

操作程序:

(1)按规定行车路线行驶,并在飞机落地前 15min 到达指定位置。

（2）距离飞机 15m 处刹车，驾驶员留在驾驶室，排污员下车指挥。污水车辆重新起步后，在排污员的指挥下以不超过 5km/h 的倒车速度接近飞机。距飞机 5m 左右时，倒车速度不超过 2km/h。

（3）将污水车停在便于连接排污管的位置上，排污员放置轮挡。污水车距飞机的最小距离不得小于 0.5m。

（4）驾驶员接合取力器驱动液压系统，排污员登上工作平台并操作平台上升到适当高度。

（5）排污员打开飞机厕所勤务舱盖板（见图 2.61 和图 2.62），连接好排污管和清水软管（见图 2.63 和图 2.64）后给驾驶员打手势，驾驶员启动真空泵开始排污。排污结束后，接通水泵，适当提高发动机转速，冲洗厕所并给飞机清洁水箱加满水。加水结束后关闭水泵。

（6）驾驶员目视确认排污工从飞机上拔下排污管、清水软管并降下工作平台后，断开取力器，在排污员的指挥下撤离飞机。

（7）为提高工作效率，缩短过站时间，排污与其他飞机地面勤务保障工作可同时进行（见图 2.65）。

（8）完成当天的排污任务后，需清洗污水车（见图 2.66）。

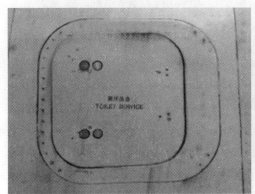

图 2.61　波音 737 飞机厕所勤务舱

图 2.62　打开飞机厕所勤务舱盖板

图 2.63　连接排污管一

图 2.64　连接排污管二

图 2.65　排污、加饮用水和食品输送工作同时进行

图 2.66 清洗污水车

2.5 飞机食品车

2.5.1 概述

飞机食品车(以下简称食品车,见图 2.67)是为飞机运输航空食品的航空地面设备。

图 2.67 飞机食品车

　　航空食品又称飞机餐,是民航飞机在飞行途中供应给旅客的餐饮。航空食品由专业的航空食品公司制作(见图 2.68),对安全和保鲜要求较高,一般在航班飞行途中的巡航飞行阶段予以分发。典型的经济舱航空食品包括中式米饭套餐、面包、水果和蔬菜沙拉(见图 2.69),头等舱的航空食品则更加丰盛(见图 2.70)。除了这些固体食物,各类饮料也是航空食品的一部分。航空食品现在已成为航空公司的差异化市场竞争手段之一。

图 2.68　航空食品的制作

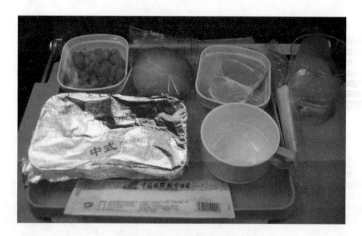

图 2.69　经济舱航空食品

图 2.70　头等舱航空食品

由于航班旅客众多,所以航空食品的总质量较大。为了确保航空食品的新鲜,航空食品不可能由人力搬运而必须由食品车运送至飞机。

2.5.2　总体结构

食品车主要由底盘、车厢、工作平台、车身稳定系统液压系统和电气控制系统组成(见图 2.71)。

图 2.71　食品车总体结构

食品车底盘一般采用二类底盘,可用内燃式或电动式。

车厢用于容纳餐车和工作人员。为确保在运输过程中固定餐车,车厢内设有餐车固定装置。此外,航空食品基本都属于冷链食品,这类食品在加工(必要的熟化杀菌除外)、储存、运输乃至食用前各环节须处于低温环境下,因此车厢还必须具备制冷功能。从冷藏意义上来说,可以把车厢看成是大型冰箱。

工作平台安装在车厢一端,用于食品车与飞机舱门的对接。工作平台由上下移动平台、左右移动平台和前后伸缩平台组成。上下移动平台可沿车厢上的垂直导轨上下滑动以调整平台与车厢的相对位置;左右移动平台安装在上下移动平台的前端,可沿水平导轨左右移动以精确对准舱门;前后伸缩平台安装在左右移动平台上,在左右移动平台对准舱门后,向前伸出前后伸缩平台以对接舱门。上下移动平台和左右移动平台的两侧均装有可折叠栏杆或栏板。车厢前端上方还可安装雨棚(见图 2.72),为工作平台遮阳挡雨。

液压系统用于车厢的升降、车身的稳定、工作平台与飞机客舱门的对接。

对于内燃式食品车,液压系统中的动力元件——液压泵由底盘发动机通过取力器驱动;对于电动式食品车,液压泵则由电动机驱动。

车身稳定系统用于对接飞机运输食品时稳定车身,由安装在底盘上的四个支腿组成。

液压系统的执行机构包括工作平台伸缩油缸、工作平台左右移动油缸、车厢升降油缸和支腿收放油缸。工作平台伸缩油缸与工作平台左右移动油缸用于移动工作平台以对接飞机客舱门;车厢升降油缸与叉式升降机构把车厢升至飞机客舱门高度;支腿收放油缸用于液压支腿的收放,在食品车对接飞机前必须放下四个液压支腿并牢固支撑于地面以保持车身稳定和提高工作速度。

图 2.72　安装了雨棚的车厢

　　电气控制系统主要用于控制液压系统和灯光。在驾驶室、底盘一侧和车厢内壁都设置了电气控制系统的控制面板。

2.5.3　技术参数

　　以 TK - SP60 型食品车(见图 2.73)为例说明食品车的主要技术参数(见表 2.6)。

表 2.6　TK - SP60 型食品车主要技术参数

整车尺寸(长×宽×高)	9 725mm×2 500mm×3 760mm
整备质量	15 200kg
底盘	庆铃 QL1180XQFRY
最小转弯半径	9 000mm
车厢尺寸(长×宽×高)	6 800mm×2 360mm×2 240mm
车厢额定载荷	5 000kg
工作平台最低高度	2 750mm
工作平台最高高度	6 000mm
固定平台尺寸(长×宽)	1 650mm×2 300mm
移动平台尺寸(长×宽)	800mm×1 020mm
移动平台前后伸缩量	0～600mm
移动平台左右移动量	0～600mm

图 2.73　TK - SP60 型食品车

2.5.4　工作原理

首先把航空食品装入飞机厨房专用的餐车(装有脚轮的食品储存箱)中,再把餐车推入食品车的车厢中(见图 2.74)。驾驶食品车接近飞机后,放下支撑腿,把车厢升至飞机舱门高度,操作工作平台与飞机舱门对接,再将餐车推入机舱(见图 2.75)。

操作程序:

(1)按规定行车路线行驶,并在飞机落地前 15min 到达指定位置。

(2)距离飞机 15m 处刹车,重新起步后在指挥员的指挥下以不超过 5km/h 的速度接近飞机并让平台对准相应飞机舱门。距飞机 5m 左右时,行驶速度不超过 2km/h。

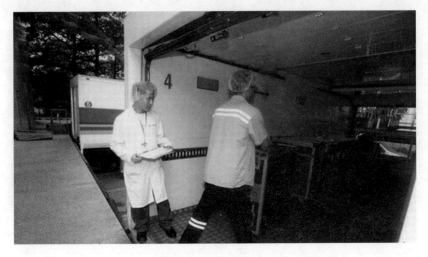

图 2.74　航空食品装车

图 2.75　餐车由人工运输至机舱

（3）当前后伸缩平台前缘距舱门 30cm 时（此时前后伸缩平台未伸出），停车并拉手刹。

（4）启动液压系统，放下液压支撑腿，升车厢至舱门高度。

（5）操作左右移动平台，使前后伸缩平台的中心线对准舱门中心线。

（6）操作前后伸缩平台向前伸出，直到平台前缘的防撞橡胶管接触舱门。一般对接飞机 L2 客舱门（见图 2.75）。当多辆航空地面设备同时对接飞机时，可对接飞机 R1 或 R2 客舱门（见图 2.76）

（7）调整工作平台的栏杆或栏板（见图 2.77）。

（8）由配餐工作人员把餐车推入机舱内。

食品车撤离飞机时执行相反的步骤。

图 2.76　两辆食品车同时对接飞机

图 2.77　工作平台的封闭式栏板

2.6　飞机垃圾车

2.6.1　概述

飞机垃圾车(以下简称垃圾车,见图 2.78)是收集和运输飞机垃圾的航空地面设备。

飞机上的垃圾主要为生活垃圾,包括废旧报刊、餐厨垃圾等。废旧报刊和客舱地板的生活垃圾在飞机落地后由清洁员打扫和清理;餐厨垃圾主要是航空食品的外包装及食物残渣,一般在飞行中由乘务员用垃圾袋收集(见图 2.79)。这些垃圾在飞机降落后都由垃圾车运送至机场指定地点。

图 2.78　飞机垃圾车

随着垃圾分类政策的推出,航班垃圾也须分类。在飞行中,由乘务员在客舱中将垃圾分类并投入不同的垃圾袋。在客舱完成清洁和垃圾分类后,使用垃圾车进行分类收运。根据垃圾分类收运的需要把垃圾车分为餐厨垃圾车、生活垃圾车、压缩式垃圾车等。航班客舱垃圾先由垃圾车统一运至机场垃圾分拣站,然后在站内做分拣分类处理,客舱垃圾分拣后部分可作为废品再利用,部分作为垃圾直接清运。

此外,由于国际航班和疫区航班的垃圾可能含有传染病原、寄生虫、农作物害虫等,因此不做分拣直接按有毒有害危险品处理。根据国家法律规定,由海关对染疫垃圾的卫生管理和收集、运输及处理进行全程监管。首先,海关下达《检验检疫处理通知书》,然后由检疫处理单位对机上垃圾进行一次消毒。消毒完成后,在海关的监管下,客舱垃圾由地服人员清理并装入密闭垃圾袋,餐厨垃圾由配餐公司在机上清理并装入密闭垃圾袋并移交地服人员。机上所有垃圾集中收集后,检疫处理单位对其实施二次卫生处理,加贴专用标识并扎口密闭,由机场固体垃圾移运车运输至染疫嫌疑垃圾专用储存库房,移运储存过程中不得拆袋、分拣和回收。

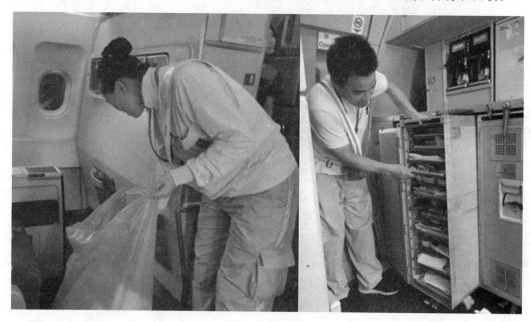

图 2.79　打扫客舱和清理餐厨垃圾

2.6.2　总体结构

垃圾车由底盘、车厢、工作平台、车身稳定系统、液压系统和电气控制系统构成(见图2.80)。

垃圾车底盘普遍采用二类底盘,根据动力不同分为内燃式和电动式。

车厢由不锈钢制成,以防止被液态餐厨垃圾腐蚀。车厢的前端安装了工作平台,由固定平台和活动平台两部分组成,用于对接飞机舱门和投掷垃圾。车厢的顶端设置了垃圾投掷口,位于靠工作平台的位置,以便工作人员把垃圾袋投入车厢内。垃圾投掷口设置了滑动式或折叠式的盖子(见图2.81)。在车厢的后部设置了后门,当垃圾车倾倒垃圾时,该门可以绕上方的铰链旋转开启(见图2.82)。

车身稳定系统用于对接飞机接收垃圾时稳定车身和提高工作效率,由安装在底盘的四个支腿组成。

图 2.80　垃圾车总体结构

图 2.81　垃圾投掷口盖子

　　液压系统的执行机构包括工作平台伸缩油缸、工作平台水平保持油缸、车厢升降油缸、车厢后门开启油缸、支腿收放油缸和垃圾投掷口盖油缸。工作平台伸缩油缸用于伸缩活动平台以对接飞机客舱门；当车厢旋转升高时，工作平台水平保持油缸使工作平台的固定平台反向旋转，以确保工作平台始终保持水平，这与客梯车工作平台的工作原理一致；车厢整体悬挂在底盘支架上，车厢升降油缸可使车厢后端绕支架的后轴旋转从而使前端升高（见图 2.80）；车厢后门开启油缸能使车厢后门向后旋转打开以便倾倒厢体内的垃圾；支腿收放油缸用于液压支腿的收放，液压支腿在垃圾车对接飞机接收垃圾时被放下并牢固支撑于地面以保持车身稳定；垃圾投掷口盖油缸用于开启和关闭投掷口的盖子。

　　对于内燃式垃圾车，液压泵由底盘发动机通过取力器驱动；对于电动式垃圾车则由电动机驱动液压泵。

图 2.82　车厢后门开启

电气控制系统主要用于控制液压系统和灯光等,其操作台位于固定工作平台和驾驶室。

2.6.3　技术参数

以 TK‑LJ1000 型垃圾车(见图 2.83 和图 2.84)为例说明垃圾车的主要技术参数(见表 2.7)。

表 2.7　TK‑LJ1000 型垃圾车主要技术参数

整车尺寸(长×宽×高)	7 200mm×2 300mm×3 700mm
整备质量	5 300kg
最大载重量	1 000kg
底盘	庆铃
最高行驶速度	40km/h(空载),25km/h(满载)
允许工作风速	97km/h
垃圾箱外形尺寸(长×宽×高)	5 100mm×2 000mm×1 800mm
车厢容积	15m³
车厢翻转角度	34.5°
车厢后门开启角度	65°
垃圾投掷口尺寸(长×宽)	1 540mm×1 000mm
固定平台升降范围	2 500～5 700mm
固定平台承载质量	150kg
活动平台承载质量	100kg
活动平台伸缩范围	0～500mm

图 2.83 TK - LJ1000 型垃圾车

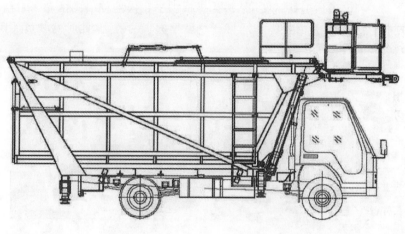

图 2.84 TK - LJ1000 型垃圾车结构图

2.6.4 工作原理

垃圾车行驶至飞机客舱门(一般为 L2 门)时停车,升起工作平台至客舱门高度,伸出活动平台与舱门对接;客舱清洁员从机舱踏上垃圾车工作平台并将袋装垃圾投入车厢的投放口;垃圾投放完毕后,垃圾车开往其他飞机继续收运垃圾或开往指定地点倾倒垃圾。

操作程序:

1. 接收垃圾操作程序

(1)按照"二次靠机法"驾驶垃圾车对准飞机客舱门口(一般为 L2 门),在指挥员(一般为清洁员)的指挥下(见图 2.85),行驶至飞机客舱门下,使平台前缘与舱门口的水平距离约 0.5m(此时活动平台未伸出)。垃圾车停稳后,挂空挡并拉手刹。

图 2.85　垃圾车进靠飞机

　　(2)驾驶员启动液压系统,放下支腿。

　　(3)清洁员通过车厢侧梯爬上平台,先通过操作台操纵液压系统使车厢上升到工作平台到达距客舱门下缘 0.3m 的垂直距离处,然后操纵活动平台向前伸出到活动平台前缘到达距客舱门 0.2m 的水平距离处,最后操纵车厢打开垃圾投掷口的盖子,此时驾驶员关闭液压系统。垃圾车平台对接飞机如图 2.86 所示。

图 2.86　垃圾车平台对接飞机

(4)清洁员将袋装垃圾取出并投掷入车厢(见图 2.87)或把垃圾桶的垃圾倒入车厢(见图 2.88)。

图 2.87　清洁员投掷袋装垃圾

图 2.88　清洁员倾倒垃圾桶

(5)驾驶员启动液压系统,清洁员操纵关闭车厢垃圾投掷口盖子,降下车厢。

(6)驾驶员收起支腿,关闭液压系统,在清洁员的指挥下驾驶垃圾车撤离飞机。

2.倾卸垃圾操作程序

(1)驾驶员驾驶垃圾车至垃圾处理场,对准规定的倾卸位置。

(2)驾驶员启动液压系统,操纵车厢后门打开。

(3)驾驶员操纵车厢上升至最高位置,垃圾即可卸尽。

(4)驾驶员操纵车厢降下,关闭液压系统。

2.7　行动不便旅客登机车

2.7.1　概述

行动不便旅客登机车(见图 2.89)又称残疾人登机车、无障碍登机车,它用于协助行动不便的旅客迅速、高效地上下飞机以及往返飞机与候机楼之间的航空地面设备。

因残疾或疾病导致行动不便的旅客无法步行和正常利用摆渡车和客梯车登机,若直接使用轮椅、担架等工具登机又无法满足机场高效运行的要求,因此必须借助专用的设备——行动不便旅客登机车以实现快速登机。

图 2.89　行动不便旅客登机车

2.7.2　总体结构

行动不便旅客登机车由底盘、车厢、工作平台、车身稳定系统、液压系统和电气控制系统构成(见图 2.90 和图 2.91)。

底盘采用二类底盘,根据动力不同可分为内燃式和电动式。

车厢是行动不便旅客的乘坐空间。为确保旅客乘坐的安全,车厢内安装了轮椅和担架固定装置——地板上的轮槽和侧板上的栏杆(见图 2.92),可在车辆行驶过程中确保旅客的轮椅和担架不出现晃动。为确保旅客乘坐的舒适性,车厢内还安装了电扇或空调。车厢底部安装了叉式升降装置,在液压系统的驱动下可以将车厢升至与客舱门平齐的高度。有些行动不便旅客登机车还在车厢的前端或后端设置了侧门。

行动不便旅客登机车共有两个工作平台——前平台和后平台,分别安装于车厢的前、后两端。前平台由固定平台和活动平台组成,活动平台又包括左右移动平台和前后伸缩平台,左右移动平台使活动平台对准飞机客舱门,前后伸缩平台可向前伸出以对接飞机客舱门并输送旅客(有些型号无左右移动平台)。同时,整个前平台可沿车厢前端两侧的垂直导轨滑移。当车厢降到最低位置时,前平台将停留在驾驶室上方的支撑架上;当车厢升至驾驶室上方时,前平台与车厢地板平齐。后平台同样可沿车厢后端两侧的垂直导轨滑移,并且还可以向上翻转折叠(见图 2.93)。当轮椅和担架进出车厢时,车厢降至底盘的托架上,后平台可沿导轨降至地面以方便轮椅和担架进入后平台。在后平台上设置了横向轮槽(见图 2.95)以固定轮椅。前平台与后平台分别沿箱体前、后端导轨的升降依靠侧向滚轮与滑槽配合,在液压油缸的驱动下升降。

图 2.90　行动不便旅客登机车前部

图 2.91　行动不便旅客登机车后部

图 2.92　行动不便旅客登机车车厢内部

图 2.93　左:后平台收起并折叠;右:后平台降下并打开

　　车身稳定系统用于运输旅客时稳定车身和提高工作速度,由安装在车身四角的四个支腿组成(见图 2.90)。

　　液压系统的执行机构包括车厢升降油缸和前后平台升降油缸、后平台翻转油缸、左右移动平台滑移油缸、前后伸缩平台伸缩油缸和支腿收放油缸。

　　对于采用内燃式底盘的行动不便旅客登机车,液压泵由底盘发动机通过取力器驱动;对于采用电动底盘的行动不便旅客登机车则由电动机驱动液压泵。

　　电气控制系统主要用于控制液压系统和灯光等,其操作台位于车厢内侧板和底盘一侧。

2.7.3　技术参数

　　下面以 WTJ5080JCR 型行动不便旅客登机车(见图 2.94)为例说明行动不便旅客登机车的主要技术参数(见表 2.8)。

表 2.8　**WTJ5080JCR 型行动不便旅客登机车主要技术参数**

整车外形尺寸(长×宽×高)	8 360mm×2 260mm×3 780mm
底盘	庆铃
整备质量	7 840kg
车厢额定载荷	1 000kg
车厢外形尺寸(长×宽×高)	4 190mm×2 090mm×2 030mm
固定平台尺寸(长×宽)	1 200mm×2 200mm
固定平台承载质量	500kg
活动平台尺寸(长×宽)	800mm×1 300mm
活动平台承载质量	300kg
工作平台升降范围	2 400~5 700mm
前后伸缩平台前后伸缩范围	0~500mm
左右移动平台左右移动范围	0~600mm

图 2.94　WTJ5080JCR 型行动不便旅客登机车

2.7.4　工作原理

行动不便旅客登机时,工作人员首先通过后平台把行动不便旅客及其乘坐的轮椅或担架移动至车厢内,在车行驶至飞机旁并与飞机客舱门对接后,再由工作人员通过前平台把行动不便旅客及其乘坐的轮椅或担架移动至机舱内,从而实现行动不便旅客安全登机。

操作程序:

(1)工作人员操纵后平台向外翻转打开并降至地面(见图 2.95)。

（2）工作人员把轮椅推入后平台并将轮椅的轮子固定在轮槽中，或把担架放入后平台。

（3）工作人员操纵后平台升至车厢高度（见图 2.96），再把轮椅推入车厢并将其固定在轮槽中，或把担架抬入车厢并将其固定在栏杆上。

图 2.95　保障轮椅旅客登机

图 2.96　升起后平台

（4）驾驶员驾驶行动不便旅客登机车按照"二次靠机法"接近飞机客舱门，当前平台距客舱门 30～50cm 处停车并拉手刹。

（5）驾驶员启动液压系统，放下支腿。

（6）工作人员在车厢内操纵车厢升至飞机客舱门高度。

（7）工作人员操纵前平台的左右移动平台移动对准客舱门，随后伸出前后伸缩平台与客舱门对接,使平台前端缓冲橡胶管与客舱门下缘接触(见图 2.97)。

(8)工作人员通过前平台把轮椅推入飞机客舱或把担架抬入机舱(见图 2.97)。

保障行动不便旅客下机的过程与此相反。

图 2.97 协助行动不便旅客进入机舱

2.8 升降平台车

2.8.1 概述

升降平台车又称集装货物装载机,是用于在飞机货舱与集装箱/板拖车之间输送集装货物的航空地面设备(见图 2.98 和图 2.99)。行李箱与散装货物可以通过行李传送车的传送带实现行李拖车与货舱之间的货物输送,但传送带可传送的单件货物最大质量一般不能超过 400kg,而集装货物的质量普遍超过 1t 且尺寸超过传送带宽度,必须使用升降平台车输送。集装货物包括集装箱和集装板。

图 2.98 升降平台车输送集装板

图 2.99　升降平台车输送集装箱

2.8.2　总体结构

升降平台车由专用底盘框架、动力装置、行走系统、前平台、主平台、车身稳定系统、液压系统和电气控制系统组成(见图 2.100)。

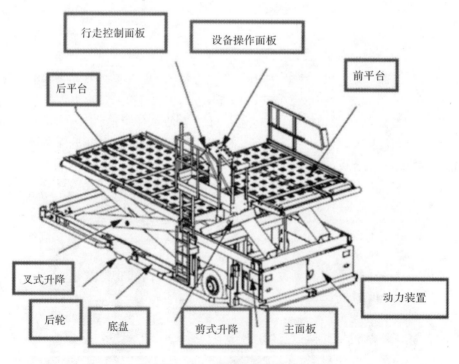

图 2.100　升降平台车结构

底盘框架采用钢结构,是其他部件的安装基座。

动力装置是液压系统的原动机,用于驱动液压泵。传统内燃式升降平台车的动力装置为柴油机(见图 2.101),电动式升降平台车的动力装置为电动机(见图 2.102)。

图 2.101　内燃式升降平台车的动力装置——柴油机

图 2.102　电动式升降平台车的动力装置——电动机

行走系统采用前轮驱动、后轮负重。内燃式升降平台车的前轮由液压马达驱动,电动式升降平台车的前轮由电动机驱动。后轮可升降(见图 2.103),在行驶时需将后轮收起。行走系统的转向和制动均采用液压系统驱动。

前平台又称桥平台,是飞机货舱与升降平台车之间的货物传送装置;后平台又称主平台,是升降平台车与集装箱板拖车之间的货物传送装置。前、后平台都包含了平台框架、升降装置、滚轮、滚筒以及挡板。平台框架是其他部件的安装基座。升降装置在液压油缸的驱动下实现平台的升降,其中,前平台采用剪式升降装置,后平台采用叉式升降装置。滚轮是集装箱/板的水平传送装置,其一部分露出平台表面(见图 2.104),当集装箱/板置于平台上时就压在滚轮上,操纵滚轮转动即可利用摩擦力将集装箱/板往一定方向传送。滚轮分组安装在多根轴上,这些轴由液压马达通过链条驱动(见图2.105),各组滚轮往不同方向旋转还可以使集装箱/板原地旋转以调整其在平台上的方向。在前平台的前端、后平台的三个侧面均装有液压马达驱动的滚筒(见图2.106),用于驱动集装箱/板进出平台边缘。在前平台滚筒的前方还装有缓冲胶管。前平台后部、后平台三个侧面均装有侧板(见图2.107)。当主平台和桥平台不处于同一水平高度时,前平台的后挡板(见图2.108)升起以防止集装箱移出前平台或意外滑落;当后平台升至一定高度时,后平台挡板自动升起。为与飞机货舱门平整对接,前平台还具有左右调平功能。有些升降平台车在两个平台上还安装了驱动履带以辅助集装箱/板传输。有些升降平台车则安装了链条升降机构辅助后平台升降(见图2.110)。

　　车身稳定系统用于向飞机货舱传输货物时承受车身和货物的质量,由安装在车身四周的支腿组成(见图2.107)。

　　液压系统的执行机构包括前轮驱动液压马达、滚轮驱动液压马达、滚筒驱动液压马达、平台升降油缸、前平台调平油缸、后轮升降油缸及转向和制动油缸。

　　电气控制系统主要用于控制液压系统,其操作台位于前平台右侧。操作台可前后移动调整位置,分为行走控制面板和设备操作面板(见图2.109),分别控制升降平台车的行走(驾驶)和集装箱/板装卸。

图2.103　后轮及其升降油缸

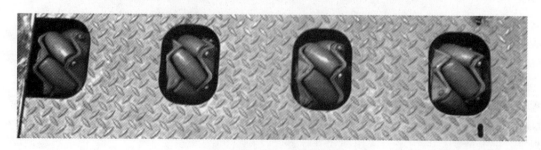

图2.104　平台上的滚轮

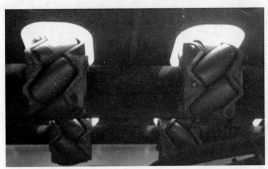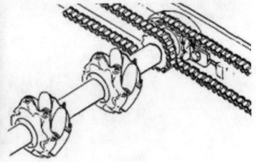

图 2.105　滚轮驱动装置

图 2.106　侧边滚筒及其驱动液压马达

图 2.107　支腿和后平台的侧挡板

图 2.108　前平台的后挡板

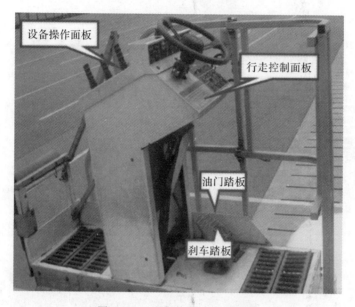

图 2.109　电气控制系统操作台

2.8.3　技术参数

下面以 FMCC30 型升降平台车(见图 2.110)为例说明内燃式升降平台车的主要技术参数(见表 2.9)。

表 2.9　FMCC30 型升降平台车主要技术参数

整车外形尺寸(长×宽×高)	11 130mm×4 350mm×300mm
发动机型号	DEUTZ BF6M2012
发动机功率	95kW/2 500r · min^{-1}
行驶挡位速度范围	低速 0～2.5km/h
	中速 0～5km/h
	高速 0～11km/h

续表

制动距离	脚制动 4.6m;惯性制动 10～12m
主平台最高举升高度	480～5 600mm
桥平台最高举升高度	1 930～5 600mm
主平台最大举升质量	13 600kg
桥平台最大举升质量	800kg
桥平台举升速度	4.6m/min
主平台举升速度	15.2m/min
货物传送速度	18.3m/min

图 2.110　FMCC30 型升降平台车

2.8.4　工作原理

集装箱/板装载:当升降平台车与飞机货舱门对接时,前平台升至略高于货舱门高度,后平台降至略低于集装箱/板拖车的高度,通过人工把集装箱/板从拖车上推至后平台,通过滚轮调整其方位后主平台升至前平台高度。在滚轮的驱动下,集装箱/板依次从后平台传输至前平台和飞机货舱,飞机货舱内的电动滚轮或滚筒再把集装箱/板传送至货舱内的适当位置,从而为集装箱/板建立起一个从拖车到货舱的垂直和水平传输渠道。

集装箱/板卸载:与上述过程相反,只是当集装箱/板从货舱传输至前平台时,前平台高度略低于货舱门;当集装箱/板从后平台传输至拖车时,其高度略高于拖车。

操作程序:

1. 对接飞机

(1)状态控制开关选择行车位;

(2)把前、后平台降至最低,操作台退到最后,收起支腿,收起后轮使底盘降至最低;

(3)行走挡位开关选择前进;

(4)速度开关选择慢速,启动后再选择快速并踩下油门踏板(见图2.111);

(5)当车行驶至离飞机货舱门3m时停车,将速度开关选择慢速位,再升起前平台至一定高度,此高度不会使飞机货舱门打开时触碰前平台(部分机型要求前平台保持最低位置);

(6)继续行驶至离飞机货舱门0.3m时停车,状态控制开关选择操作位;

(7)打开飞机货舱门,把前平台升至飞机货舱门高度(见图2.112);

图2.111　行走控制

图2.112　对接飞机货舱门

(8)状态控制开关选择行车位,行驶至前平台缓冲胶管接近但不接触货舱门;

(9)挡位开关选择空挡位,状态控制开关选择操作位,调平前平台使其对齐货舱门;

(10)把操作台调整至恰当位置。

2.集装箱/板从飞机货舱传送到拖车(见图 2.113)

(1)前平台与飞机货舱门对接后,挡位开关选择空挡位,状态控制开关选择操作位,放下支腿,并将后平台升至前平台高度(见图 2.114);

图 2.113　设备操作

图 2.114　将后平台升至前平台高度

（2）当集装箱/板从飞机货舱内传输至前平台前端时，操作滚筒和滚轮将集装箱/板向后传送，直到集装箱/板完全在前平台上；

（3）操作滚轮调整集装箱/板的方位；

（4）操作滚轮把集装箱/板传送至后平台尾部；

（5）降下后平台至稍高于拖车 10mm 的高度；

（6）操作后平台挡板降下，操作滚轮、滚筒把集装箱/板传送至拖车。

3. 集装箱/板从拖车传送到飞机货舱

（1）前平台与飞机货舱门对接后，挡位开关选择空挡位，状态控制开关选择操作位，放下支腿，并将后平台降至拖车高度；

（2）操作后平台挡板降下；

（3）把集装箱/板从拖车手动推至后平台滚筒上，操作滚筒、滚轮将集装箱/板传送到后平台上；

（4）操作后平台升至前平台高度；

（5）操作滚轮把集装箱/板依次传送至前平台、飞机货舱。

在上述传送操作过程中，要随时注意因为飞机质量变化引起的货舱门高度的改变，并及时调整平台的高度。

4. 撤离飞机

（1）把操作台退至最后位置（前平台尾端方向），后平台降至最低位置；

（2）适当降低前平台高度，以便关闭飞机货舱门；

（3）状态控制开关选择行车位，收支腿；

（4）挡位开关选择后退，速度开关选择慢速，驾驶升降平台车缓慢离开飞机；

（5）离飞机 5m 左右时停车，把前平台降至最低位置；

（6）重新起步，驾驶升降平台车行驶至指定等待区。

2.9 行李传送车

2.9.1 概述

行李传送车（见图 2.115）又称散装货物装载机或传送带车，用于在行李拖车和飞机货舱之间传送行李箱和散装货物。

飞机货舱门高度一般为 1.5m 或更高，而行李拖车的高度一般在 0.5m 左右，不便在两者之间以手工搬运大批量货物，为了机场的安全、高效运行，必须借助行李传送车传送。

2.9.2 总体结构

行李传送车由底盘、传送装置、车身稳定系统、液压系统及电气控制系统构成。

为安装传送装置，行李传送车的底盘均采用特别设计的专用底盘，根据动力不同可分为内燃式和电动式。驾驶室仅能容纳驾驶员一人，可分为封闭式（见图 2.122）和开放式（见图 2.117）两种。

图 2.115　行李传送车

　　传送装置由传送带机架、传送带、驱动滚筒、自由滚筒和栏杆构成。传送带机架的两端各安装了一个滚筒,其中前滚筒是驱动传送带转动的驱动滚筒(见图 2.116 和图 2.117),后滚筒的轴安装在一个与机架平行的 U 形槽内,可通过沿槽前后移动该轴来调节传送带的张紧度(见图 2.118)。在前后滚筒之间的机架上还安装了数十根自由滚筒用于支撑传送带及其上面传送的货物。当传送带传送货物时,这些滚筒可随传送带自由滚动。传送带由橡胶制成,为防止货物在传送时打滑,传送带上表面布满了树状凸起的橡胶颗粒(见图 2.119)。传送装置的前端——即驱动滚筒的前面——安装了缓冲橡胶软管(见图 2.116 和图 2.117),部分行李牵引车的传送装置后端也安装有同样的缓冲橡胶软管(见图 2.115)。传送带机架两侧安装了折叠栏杆以防止在传送过程中货物掉落。传送带机架还可安装雨棚(见图 2.120),以便在雨天传送货物。

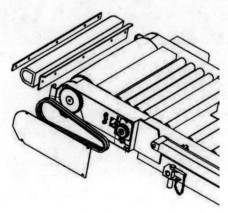

图 2.116　传送带机架前端结构图

图 2.117 传送装置前端

图 2.118 传送装置后端

图 2.119 传送带

图 2.120　带雨棚的行李传送车

车身稳定系统用于在货物传送时稳定车身,由安装在车身四角的四个支腿组成(见图 2.121)。

液压系统的执行机构包括传送带机架升降油缸、支腿收放油缸和传送带驱动滚筒液压马达。传送带机架升降油缸包含前后升降油缸,它们分别驱动机架两端的升降机构实现机架两端高度的调节(见图 2.121)。部分行李传送车只有传送带机架前端升降油缸,传送带机架的高度调节依靠机架绕后端旋转升高。支腿收放油缸用于车身稳定系统的油缸收放。位于传送带机架前端的传送带驱动滚筒由液压马达通过齿形皮带或链条驱动(见图 2.116)。

内燃式行李传送车的液压系统由底盘发动机通过取力器驱动液压泵,电动式行李传送车则由电动机驱动液压泵。

电气控制系统主要用于控制液压系统和灯光,其主操作面板位于驾驶室,此外一般在传送带机架左侧两端各有三个控制按钮,用于控制传送带的启停和传送方向。

图 2.121　行李传送车总体结构

2.9.3　技术参数

下面以 TK - XC80C 型行李传送车(见图 2.122)为例说明行李传送车的主要技术参数(见表 2.10)。该车采用专用底盘、前桥液压转向、后桥驱动、液压鼓式行车制动,可广泛适用于除空客 380 外的所有机型。

表 2.10 TK－XC80C 型行李传送车主要技术参数

整车外形尺寸(长×宽×高)	8 160mm×2 145mm×2 155mm
离地距离	130mm
轴距	3 000mm
最大速度	25km/h
传送带机架长度	9m
传送带宽度	600mm
传送带厚度	6mm
传送带负载	传送带最大均布质量 135kg/m
	单件货物最大质量 400kg
整备质量	3 660kg
前桥负载	2 460kg
后桥负载	1 200kg
变速箱	自动

图 2.122 TK－XC80C 型行李传送车

2.9.4 工作原理

行李传送车与飞机货舱门对接。当从飞机货舱往外卸货时,在飞机货舱内的工人把货物放在传送带上,传送带利用摩擦力把货物向下传送(见图 2.123)。当货物到达传送带后端时,在地面的货运工人把货物取走并放入行李拖车中,行李拖车再由行李牵引车拖走;当向飞机货舱内装货时,在地面的货运工人把货物从行李拖车取出放在传送带上,传送带把货物向上传送,当货物到达传送带前端(即飞机货舱门口)时,在飞机货舱内的货运工人把货物从传送带上取走并整齐摆放在飞机货舱内,从而实现货物在货舱与行李拖车之间的传送。

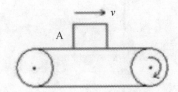

图 2.123　传送带传送原理

操作程序:

(1)在指挥员指挥下按"二次靠机法"接近飞机货舱门,接近路线对准货舱门并垂直机身;

(2)距货舱门 3m 时停车,把传送带机架前端高度调整到货舱门高度;

(3)重新起步,以不超过 2km/h 的速度对接飞机货舱门,在传送带机架前端缓冲胶管距货舱门 5cm 处停车,再次微调传送带机架前端高度(见图 2.124);

(4)放下支腿,根据装卸需要调整传送带传送速度和方向(见图 2.125);

(5)货物装卸结束后,把传送带机架降至最低,再收支腿;

(6)在指挥员指挥下以不超过 3km/h 的速度倒车撤离飞机,撤离路线对准货舱门并垂直机身,离开机身 10m 后可掉头、转向按规定路线行驶至规定地点。

注意事项:

(1)装卸过程中,操作员要持续监控行李传送车的工作状况(见图 2.126);

(2)当机身质量发生变化导致货舱门高度变化较大时须及时调整传送带机架前端高度;

(3)当传送宽度超过传送带的货物时,可放下传送带机架两侧的栏杆;

(4)在传送过程中,严禁人站在传送带上。

图 2.124　行李传送车与飞机对接

图 2.125　传送行李

图 2.126　在传送车作业时注意观察运行情况

2.10　行李牵引车

2.10.1　概述

行李牵引车(见图 2.127)也称行李拖头车,在其尾部拖挂多节行李拖车或集装箱/板拖车后(见图 2.128 和图 2.129),可在飞机和机场客货运输服务区之间运输各类散装货物和集装货物。此外,行李牵引车还可以用于拖曳其他无动力拖曳式航空地面设备,如飞机电源拖车、飞机空调拖车等。

图 2.127　行李牵引车

图 2.128　行李牵引车牵引行李拖车

图 2.129　行李牵引车牵引集装箱/板拖车

2.10.2 总体结构

可以把行李牵引车看成一辆安装了牵引栓的微缩版汽车。与普通汽车最大的不同是,为防止在牵引较重货物时因下压力不足导致轮胎打滑,行李牵引车的车身与底盘均采用加厚零部件以增加质量,因此行李牵引车的外形虽小但质量一般在 3t 以上。根据动力不同,行李牵引车可分为内燃式和电动式。根据结构不同,行李牵引车的驾驶室可分为封闭式(见图2.127)和开放式(见图2.130)两种。

图 2.130　采用开放式驾驶室的行李牵引车

2.10.3 技术参数

下面以 TK－QY25 型行李牵引车(见图 2.131 和图 2.132)为例说明内燃式行李牵引车的技术参数(见表 2.11)。

图 2.131　TK－QY25 型行李牵引车

图 2.132　TK - QY25 型行李牵引车的驾驶室与牵引栓

表 2.11　TK - QY25 型行李牵引车主要技术参数

整车外形尺寸(长×宽×高)	3 160mm×1 370mm×1 920mm
离地距离	200mm
轴距	1 850mm
转弯半径	3 250mm
最大牵引力	23kN
最大牵引质量	33t
最大速度	28km/h
发动机	江铃
变速箱	自动
制动	液压
整备质量	4 100kg
前桥负载	1 200kg
后桥负载	2 900kg

以某型电动式行李牵引车(见图 2.133)为例说明电动行李牵引车的主要技术参数(见表 2.12)。

表 2.12　某型电动式行李牵引车主要技术参数

最大速度	25km/h
整备质量	4 350kg
续航	200km

续 表

电池	磷酸铁锂电池
电机	交流电机(50V,22kW)
电桥	湿式制动驱动一体化电桥
交流控制器	柯蒂斯

图 2.133　电动式行李牵引车

　　行李牵引车运输货物是通过牵引各种货物拖车实现的。根据载货的不同,把货物拖车分为行李拖车和集装箱/板拖车两大类。

　　行李拖车用于装载行李箱等散装货物,结构简单,工作台面无滚筒,两端或四周安装了栏杆(见图 2.134)或车厢(见图 2.135)以防运输过程中行李箱掉落。

图 2.134　安装栏杆的行李拖车

图 2.135　厢式行李拖车

集装箱/板拖车用于装载各种类型的集装箱或集装板。集装箱/板拖车的前端安装了拖把,用于连接行李牵引车或其他拖车,后端安装了自锁牵引钩用于连接其他拖车的拖把,拖把不仅有连接功能,还有制动功能。它的工作台面上装有数十根可自由滚动的滚筒,使集装箱/集装板可在拖车上左右两侧滑动。当拖车到达升降平台车主平台附近时,可从拖车的一侧用手把集装箱/集装板推入主平台。工作台面中间有花纹钢板走道,便于作业;集装箱/板拖车的底部装有四个轮子,其中前轮是万向轮或安装了转盘以便转向,轮胎均采用耐磨实心胎;集装箱/板拖车的前后端安装了挡板,两侧安装了固定限位装置,以防止牵引过程中集装箱/集装板从拖车上滑落。

有些货物拖车上还装有固定式钢棚防雨,以适应恶劣天气。

以某型多功能集装箱/板拖车(见图 2.136)为例说明多功能集装箱/板拖车的主要技术参数(见表 2.13)。该拖车适用于装载 P1P、P6P、PLA、FQA、FQW、PMW、P7E 集装板。

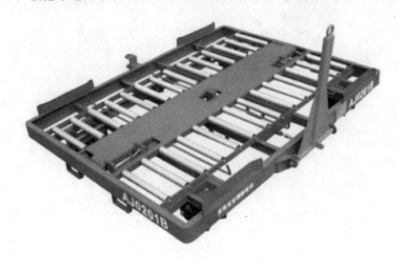

图 2.136　多功能集装箱/板拖车

表 2.13 某型多功能集装箱/板拖车主要技术参数

外形尺寸(长×宽×高)	4 022mm×3 400mm×1 567mm
平台尺寸(长×宽)	3 400mm×2 660mm
平台高度	508~515mm
轮胎规格	前 300mm×125mm,后 350mm×100mm
额定载重	7 000kg
自重	1 070kg
滚筒规格	76mm×4mm

以某型标准集装板拖车(见图 2.137)为例说明标准集装板拖车的主要技术参数(见表 2.14)。该拖车适用于装载 P1P、P6P、集装板和 LD1、LD2 集装箱。

图 2.137 标准集装箱/板拖车

表 2.14 某型标准集装箱/板拖车主要技术参数

外形尺寸(长×宽×高)	4 022mm×3 400mm×1 567mm
平台尺寸(长×宽)	3 400mm×2 660mm
平台高度	508~515mm
轮胎规格	前 300mm×125mm,后 350mm×100mm
额定载重	7 000kg
自重	1 070kg
滚筒规格	76mm×4mm

当行李牵引车运输集装货物时,需要使用各类集装箱或集装板把散装货物固定成一个整体。为充分利用飞机货舱的空间、保证货舱有限空间的最大装载率,航空集装箱一般根据飞机货舱的形状进行设计,因此集装箱的外形存在截角或圆角。由于飞机的形状不一,所以航空集装箱的规格和型号众多。集装板是一块平面铝板,散装货物由专用集装网固定在板上。这里介绍几种常用的集装箱和集装板。

AKE 航空集装箱(NAS3610 识别代号: NAS3610 - 2K2C)(见图 2.138 和图 2.139),其主要技术参数见表 2.15。

图 2.138　AKE 航空集装箱

图 2.139　集装箱固定在集装箱/板拖车上

表 2.15　AKE 航空集装箱主要技术参数

自重	90kg
最大载重	1 588kg
容积	4.3m³

续 表

底板尺寸	1 562mm×1 534mm
高度	1 620mm
门宽	1 436mm×1 557mm

KJB集装板(与JZW航空集装网配套使用,见图2.140),其主要技术参数见表2.16。

表 2.16 KJB集装板主要技术参数

自重	103kg
最大载重	6 804kg
外形尺寸	2 235mm× 3 175mm

图 2.140 KJB集装板

2.10.4 工作原理

货物拖车通过前端的拖把与行李牵引车车尾的牵引装置相连接,货物拖车之间也采用同样方法首尾相连。在行李传送车或升降平台车已经与飞机货舱门对接后,行李牵引车牵引货物拖车行驶至飞机旁,由工作人员断开货物拖车与行李牵引车之间的牵引装置,再把拖车推、拖至行李传送或升降平台车旁(见图2.141),从而实现货物在航站楼与飞机之间的货物运输。

操作程序:

(1)飞机停稳后,驾驶员驾驶行李牵引车行驶至离货舱门5m外的安全距离停放。

(2)当使用行李传送车装卸货时,在工作人员的指挥下,行李牵引车重新起步与飞机逆向行驶,并使行李拖车在距机身与机翼5m外沿弧形摆放(见图2.142),再由工作人员摘下行李拖车并手动拉至传送带尾部0.5m处(见图2.141),若货物较少时不使用其他航空地面设备装卸货物,则把行李拖车手动拉至货舱门 0.5m 处(见图 2.143)。

图 2.141　把行李拖车拉至行李传送车后部

(3)当使用升降平台车装卸货物时,在工作人员的指挥下,行李牵引车重新起步与升降平台车后平台尾部保持 30cm 左右的距离平行行驶,并在集装箱/板拖车与升降平台车后平台位置相同时停车(见图 2.144)。当为前货舱装货或从后货舱卸货时,行李牵引车应与飞机逆向行驶;当为后货舱装货或从前货舱卸货时,行李牵引车应与飞机同向行驶。

注意事项:

(1)拖挂拖车行驶时必须平稳起步、平稳行驶、平稳停车,严禁倒车、急转弯、急刹车,遇有颠簸路面时要严格控制车速,杜绝因颠簸造成拖车脱钩现象。

(2)严禁在机翼下穿行。

(3)拖挂行李拖车时,必须检查装载是否符合标准,货物行李堆放是否平整,挂接是否牢固,行李堆放高度不得超过地面 1.5m,宽度不得超过拖车两边 20cm。

(4)牵引行李、散装货物和邮件时,必须有押运人员同行。

(5)行李牵引车拖挂 3.4m×2.5m 的货物拖车不得超过四个、1.9m×1.8m 的货物拖车不得超过六个,且拖挂的货物质量不得超过拖车的最高载重。

图 2.142　行李拖车沿弧形摆放

图 2.143　人工装卸

图 2.144　集装箱/板拖车停放位置

第3章 机务类航空地面设备

机务类航空地面设备(见图3.1)主要为飞机本身提供地面支援,且在操作中一般都有机务员的参与,包括飞机电源车、飞机气源车、飞机空调车、飞机牵引车、飞机充氧车和飞机除冰车。

图3.1　机务类航空地面设备

3.1　飞机电源车

3.1.1　用途

飞机电源车是在地面为飞机供电的航空地面设备。

飞机上安装了大量用电设备,主要分为电力传动设备、电加温设备、信号灯及照明设备、远距离控制和电子设备。在飞行中,由飞机主发动机驱动的发电机为用电设备供电;着陆后,如果空调、通信装置等用电设备仍需开启,此时供电方式有两种:第一种是由飞机自身的辅助发动机(简称APU,见图3.2)驱动的发电机供电,第二种是由地面电源供电。地面电源又分为两类,一类是变频电源,可安装在登机桥(见图3.3)或拖车(见图3.4)上,当飞机停泊近机位时,变频电源对接民用电网把民用电调压变频后为飞机供电;另一类是飞机电源车(见图3.5),当飞机停泊在远机位时

图3.2　飞机辅助发动机

则由飞机电源车上的柴油发电机组为飞机供电。

图 3.3 登机桥上的固定变频电源

图 3.4 移动变频电源

图 3.5 飞机电源车

当飞机停泊在地面时,若使用第一种方式供电方式,其优点在于无需额外设备和人员支援,方便易用,但是辅助发动机油耗较高。当辅助发动机故障、必须关闭或考虑飞机长时间停泊地面的运行成本时,一般使用地面电源供电。

3.1.2　总体结构

飞机电源车由底盘、柴油发电机组、电源控制系统以及保护系统组成。

底盘采用二类内燃式底盘或电动底盘。

柴油发电机组由柴油机和三相交流发电机组成,二者通过柔性联轴器传动。柴油发电机组由罩壳封闭起来以防尘防水。

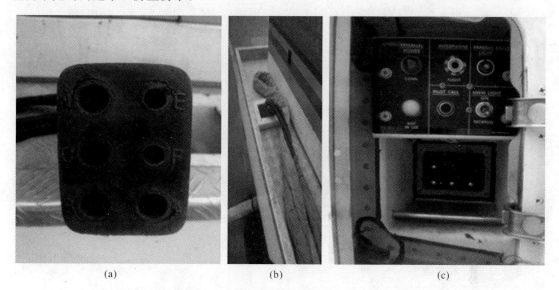

|(a)|(b)|(c)|

图 3.6　外接电源供电组件

(a)电源车插头;(b)输电线及存放槽;(c)波音 737NG 飞机外接电源插孔

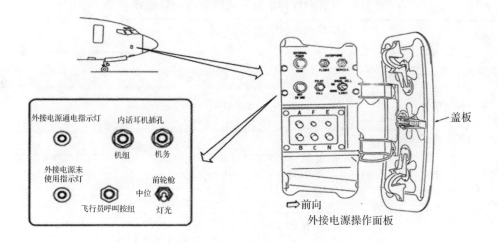

图 3.7　波音 737NG 飞机外接电源勤务舱

电源控制系统由电控箱、电子元件和输电插头组成,其操作面板(见图 3.10)一般位于罩壳的左侧。电源控制系统通过柴油机调速、调压确保输出的三相交流电为 115V/400Hz 的飞机用电规格。供电插头有六个插孔,相应地,飞机外接电源插孔有六个插销(见图 3.6 和图 3.7):四个长插销,分别是三相交流电(A,B,C)和接地(N)插销;两个短插销(E,F)用于电路控制,只有它们都接通时电路才接通。插头插入时,短插销后接通;插头拔出时,短插销先断开,在长插销断开前先切断电源,这种设计可避免电路通断过程中产生电火花。电源车插头和飞机外部电源插座的方向须匹配。

保护系统在输出的三相交流电出现过载、过压、欠压、过频、欠频、短路时切断输出电路,保护飞机用电设备和柴油发电机组。

此外,柴油发电机组可安装在拖车上成为飞机电源拖车(见图 3.8),由其他车辆牵引。

图 3.8　飞机电源拖车

3.1.3　技术参数

下面以 TY-DY140 型飞机电源车(见图 3.9)为例说明飞机电源车的主要技术参数(见表 3.1)。

表 3.1　TY-DY140 型飞机电源车主要技术参数

底盘	庆铃 600P
整备质量	7 300kg
交流电额定功率	140kV·A
交流电额定功率因素	0.8
交流电额定频率	400Hz
交流电额定负载电流	404A
交流电输出方式	三相四线制,星形连接,相序 A-B-C

续 表

直流电额定功率	22.8kW
直流电额定电压	28.5V
直流电额定电流	800A
直流电输出方式	单线

图 3.9　TY-DY140 型飞机电源车

3.1.4　工作原理

飞机电源车行驶至飞机旁,将输电插头接入飞机外接电源插孔,把柴油发电机组产生的交流电输送给飞机,从而实现飞机的地面供电。

操作程序:

(1)出车前启动柴油发电机组(见图 3.10)。

(2)按照"二次靠机法"接近飞机。

(3)停车后,电源车的任何部位距离飞机不得小于 1.5m。

(4)机务员将电线插头与飞机相连接(见图 3.11)。

(5)接到机务员供电指令后,操作员按下供电开关。

(6)供电期间操作员不得远离车辆。供电完毕后,柴油发电机组关闭步骤为:

1)断电前必须确认飞机已经停止使用地面电源。当飞机不使用地面电源时,飞机外接电源面板上的"NOT IN USE"灯,即"不使用"灯亮起。

2)按下飞机电源车断电开关,切断对飞机的供电。

3)关闭柴油发电机组。

4)拔出供电插头,将其和电缆收纳到存放槽[见图 3.6(b)]。

5)盖好飞机外接电源勤务舱盖板。

图 3.10　操作员启动柴油发电机组

图 3.11　机务员将供电插头插入飞机外接电源插孔

3.2　飞机气源车

3.2.1　用途

飞机气源车(见图 3.12)是为飞机提供主发动机启动用气和空调用气的航空地面设备。飞机主发动机——涡轮风扇发动机采用高压空气启动,此外飞机在地面开启空调时需要把大量空气输入空调以供调节后输入机舱,这两种用气需求均可由飞机本身的气源系统(见图3.13)满足。然而,当飞机气源系统中的辅助发动机出现故障、必须关闭或考虑长时间停泊地面运行的经济成本时,一般使用飞机气源车供气。

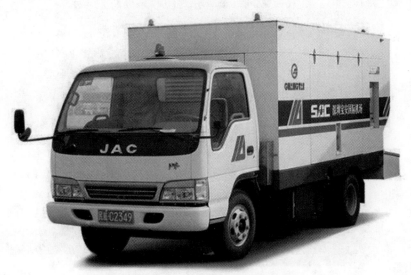

图 3.12　飞机气源车

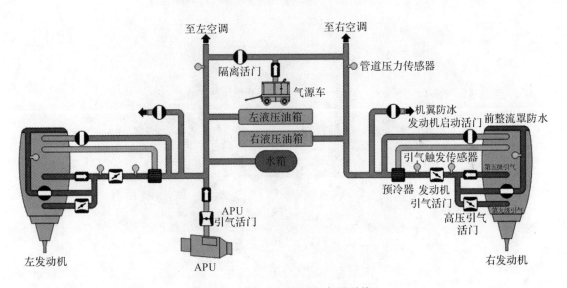

图 3.13　波音 737NG 飞机气源系统

3.2.2　总体结构

飞机气源车主要由底盘、空气压缩机组、供气系统及控制系统组成。

底盘采用内燃式或电动式二类底盘。

空气压缩机组(见图 3.14)由柴油机和无油润滑式双螺杆空气压缩机组成,二者通过柔性联轴器连接。双螺杆空气压缩机利用一对阴阳螺杆转子在转动过程中产生周期性的齿间间隙变化实现空气的不断吸入、压缩和排气。由于被压缩的空气可能用于空调的进气并最终进入机舱,所以必须使用无油式压缩机(见图 3.15)以免进入机舱的空气含有机油成分。无油是指螺杆转子间存在间隙,在转动过程中不接触而无须润滑油润滑,仅螺杆转子的两端轴承润滑,但这种结构也导致了内漏从而使其压缩效率相对较低。压缩机外壳中有冷却水套,当压缩机在工作中升温时为其降温。空气压缩机组由罩壳封闭起来以防尘防水。

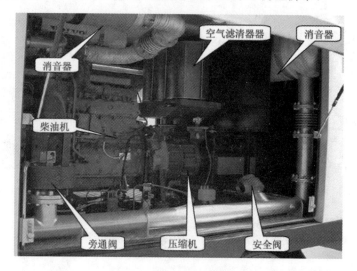

图 3.14　空气压缩机组

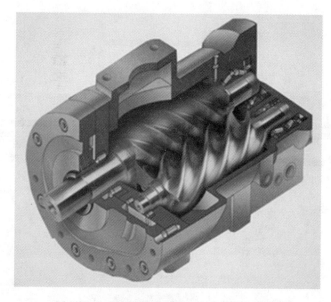

图 3.15　无油润滑式双螺杆空气压缩机结构

　　供气系统由供气阀门、泄气阀门、供气软管、供气接头以及供气软管存放篮组成(见图3.16和图3.17),用于把空气压缩机组输出的高压空气输入飞机。

　　控制系统主要用于为空气压缩机组的柴油机调速,以控制不同的供气压力,其操作面板一般位于罩壳的左侧后部。空气压缩机组的柴油机转速有三挡,分别为待命模式、空调供气模式和主发动机启动供气模式。控制系统还具有自动保护功能:飞机气源车处于待命或飞机空调供气模式时,若空气压缩机组出现严重故障,保护系统将使空气压缩机组立刻停机;飞机气源车处于飞机主发动机启动供气模式时,若空气压缩机组出现严重故障,保护系统不会使空气压缩机组停机,仅发出警报声,只有在机务员同意情况下操作员才能紧急停止供气。

此外,可把空气压缩机组安装在拖车上成为飞机气源拖车(见图 3.18),由其他车辆牵引。

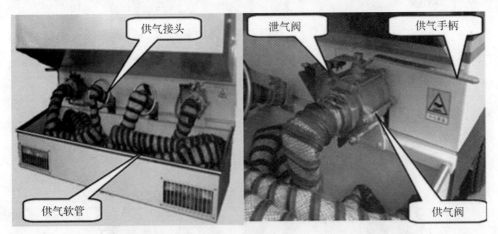

图 3.16　供气系统

图 3.17　供气接头

图 3.18　飞机气源拖车

3.2.3 技术参数

下面以 TY‑AS290 型飞机气源车(见图 3.19)为例说明飞机气源车的主要技术参数(见表 3.2)。

图 3.19 TY‑AS290 型飞机气源车

表 3.2 TY‑AS290 型飞机气源车主要技术参数

整车尺寸(长×宽×高)	7 340mm×2 260mm×2 610mm
使用高度	≤海拔 4 000m
环境温度	−40℃～＋50℃
空气相对湿度	≤95％
飞机空调供气压力	1 700～2 100kPa(25～30Psi),可调
飞机发动机启动供气压力	2400～2900kPa(35～42psi),可调
供气流量	8 200kg/h

3.2.4 工作原理

飞机气源车上的空气压缩机组将空气加压后经输气软管进入飞机外接气源系统,通过调节空气压缩机的转速来调节供气压力以满足飞机空调或主发动机启动的用气要求,从而为飞机提供稳定的地面气源。

操作程序:

(1)出车前启动空气压缩机组,并把工作状态选择为待命模式。

(2)按照"二次靠机法"在指挥下接近飞机。停车后,飞机气源车的任何部位距离飞机不得小于 2m。

（3）拉出供气软管，打开飞机外接气源勤务舱盖板，由机务员将供气接头与飞机外接气源接口对接（见图 3.20）。

图 3.20　机务员连接供气软管

（4）为飞机空调供气时，把工作状态旋钮调至空调供气位置，此时供气压力在 18psi 左右；为飞机主发动机启动供气时，把工作状态旋钮调至飞机主发动机启动供气位置，此时供气压力在 40psi 左右。

（5）打开供气阀门。在供气期间，操作员必须在车旁监控飞机气源车的工作状况（见图 3.21）。

（6）供气结束后，关闭供气阀门，打开泄气阀门使供气软管泄压，断开供气接头，盖好飞机气源勤务盖板，收回供气软管。

（7）把工作状态旋钮调至待命位置，把点火开关恢复至关闭位置。空气压缩机组空载运转约 5min 后将自动停止。在地面人员指挥下把气源车撤离飞机。

图 3.21　操作员监控飞机气源车工作状况

3.3　飞机空调车

3.3.1　用途

飞机空调车(见图 3.22)是在地面调节飞机机舱内空气温度的航空地面设备,能够向飞机设备舱、驾驶舱和客舱提供干燥、洁净的空气,具有通风、制冷、加热和除湿等功能。

图 3.22　飞机空调车

飞机客舱和驾驶舱必须维持适宜的温度以便为机组和旅客提供舒适的环境;此外飞机设备舱的众多电子设备在工作时大量发热,为确保其正常工作必须降低其环境温度,因此飞机上安装了空调系统。在飞行时,由飞机上的空调系统调节各舱室温度;当飞机停泊在地面时,可选择使用飞机上的空调系统或使用地面空调。当飞机空调系统不能开启或考虑运行的经济成本时使用地面空调。地面空调分为两种:一种是由 380V 民用电网供电的空调机,固定安装在登机桥下(见图 3.23);另一种是可机动运行的飞机空调车。

图 3.23　登机桥上的空调机

3.3.2　总体结构

飞机空调车由底盘、空调机组、送风系统及控制系统组成。

底盘采用二类底盘或专用底盘,根据动力不同分为内燃式和电动式。

空调机组由柴油机及空调机组成。空调机由压缩机、蒸发器、冷凝器和膨胀阀等部件组成。机组专用的柴油机作为驱动空调压缩机的原动力,二者通过柔性联轴器连接。

送风系统由送风阀门、泄气阀门、送风软管和送风接头(见图 3.24)组成。

控制系统用于控制空调和在突发故障情况下保护空调机组。

此外,还可把空调机组安装在拖车上成为飞机空调拖车(见图 3.25),由其他车辆牵引。

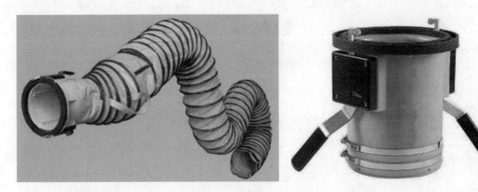

图 3.24　送风软管及接头

图 3.25　飞机空调拖车

3.3.3　技术参数

以 TYAC-110 型飞机空调车(见图 3.26)为例说明飞机空调车的主要技术参数(见表3.3)。

表 3.3　**TYAC – 110 型飞机空调车主要技术参数**

整车尺寸(长×宽×高)	8 650mm×2 600mm×3 250mm
整备质量	12 500kg
使用高度	≤海拔 4 000m
环境温度	−40℃～+50℃
空气相对湿度	≤95%(气温 30℃)
工作噪声	≤85dB(A)
持续工作时间	≥8h
制冷量	376kW(110ton)
制热量	190 kW
送风流量	15 000kg/h
送风压力	7kPa
送风温度(制冷)	1℃～20℃
送风温度(制热)	30℃～60℃

图 3.26　TYAC – 110 型飞机空调车

3.3.4　工作原理

　　飞机空调车的空调机采用蒸发循环制冷原理(见图 3.27)。从蒸发器出来的低压气态制冷剂进入压缩机被压缩后成为高温高压的气态制冷剂;高温高压的制冷剂再进入冷凝器凝结成高温高压的液态制冷剂,此放热过程使冷凝器升温,鼓风机让空气不断流过冷凝器的热交换器,使制冷剂降温、流过的空气升温;高压的液态制冷剂到达膨胀阀,膨胀阀控制制冷剂流量,使其出来的液态制冷剂变成低压状态;低压的制冷剂进入蒸发器蒸发变成气态制冷剂,此吸热过程使蒸发器降温,鼓风机使空气不断流过蒸发器的热交换器,使蒸发器升温、流过的空气降温,该降温的空气即为通过送风软管送往机舱的冷空气。机组柴油机驱动压缩机使上述制冷过程不断进行,从而持续为机舱提供冷空气。制热过程与制冷过程相反,且蒸发器和冷凝器功能互换。

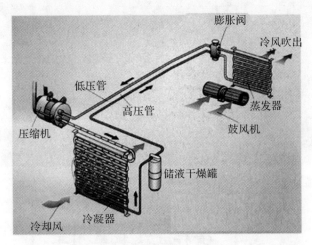

图 3.27　蒸发制冷原理

操作程序:

(1)按照"二次靠机法"在指挥下接近飞机。停车后,飞机空调车的任何部位距离飞机不得小于 2m。

(2)拉出送风软管(见图 3.28),打开飞机外接空调勤务盖板,将送风接头与飞机外接空调接口对接(见图 3.29)。

(3)开启空调,打开送风阀门,开始送风。

(4)送风结束后,关闭送风阀门,打开泄气阀门使送风软管泄压,断开送风接头,盖好飞机空调勤务盖板,收回送风软管。

(5)在指挥下撤离飞机。

图 3.28　拉出送风软管

图 3.29 连接送风软管

3.4 有杆式飞机牵引车

3.4.1 概述

飞机牵引车是在地面牵引飞机滑行的航空地面设备。

飞机在地面可依靠主发动机的推力进行移动,然而这种移动方式只能让飞机向前滑行。当飞机停留在远机位即自滑机位时,可自主滑行进出;当飞机停留在近机位对接登机桥时,由于飞机没有滑行转弯的空间,所以飞机必须后退才能离开机位,而飞机依靠主发动机向前的推力无法后退。此外,飞机长距离的自主滑行存在油耗大、能量转换效率低、经济成本高的缺点。因此,在大中型机场,尤其是有登机桥机位的机场,广泛采用飞机牵引车移动飞机。此外,在飞机发生故障——尤其是需要把飞机移至维修机库时,也需使用飞机牵引车。

根据牵引力的大小把飞机牵引车分为小型、中型和大型三种。小型牵引车的牵引力小于150kN,中型牵引车的牵引力在 150～250kN 之间,大型牵引车的牵引力在 250kN 以上。

根据结构和牵引方式把飞机牵引车分为有杆式和无杆式(见图 3.30)。本节介绍有杆式飞机牵引车。

有杆式飞机牵引车(见图 3.31 和图 3.32)结构简单、采购成本低、维护成本低,是广泛采用的飞机牵引车种类。

由于有杆式飞机牵引车与飞机前起落架之间以牵引杆连接传递牵引力(见图

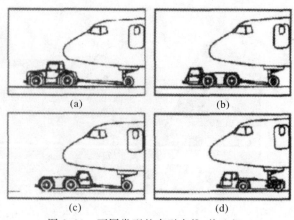

图 3.30 不同类型的牵引车推、拖飞机

3.33),所以牵引作业转弯半径较大,且由于牵引车和飞机之间有两个铰接点,增加了一个自由度,与正常车辆的转弯操作相反,牵引操作的难度较高,最高牵引速度一般不超过 10km/h。

图 3.31　有杆式飞机牵引车车头

图 3.32　有杆式飞机牵引车车尾

图 3.33　有杆式飞机牵引车牵引飞机

由于飞机的质量达数十甚至数百吨,为防止飞机牵引车在牵引飞机时车轮打滑,有杆式飞机牵引车的自重一般比较大,所以会导致空驶时车胎磨损快、油耗高。

3.4.2　总体构造

1. 有杆式飞机牵引车结构

有杆式飞机牵引车主要由底盘、液压系统和驾驶室组成(见图 3.41)。

有杆式飞机牵引车采用低矮的专用底盘,以便行驶到机头下作业。为了增加车身质量,采用了加厚结构的承载式车架;车头、车尾装有牵引栓,用于连接牵引杆。当拖飞机前行时连接车尾的牵引栓,推飞机后退时连接车头的牵引栓。内燃式有杆式飞机牵引车的动力装置为柴油机,随着航空地面设备加速电动化,越来越多的飞机牵引车采用动力电池与电动机为动力装置。为增加牵引力,有杆式飞机牵引车采用四轮驱动。考虑到车身低矮,内燃式有杆式飞机牵引车的传动系统包含了升轴箱,发动机的动力首先传递给升轴箱再传递给变速箱,变速箱再将动力传递给前后驱动桥。

液压系统用于驱动转向系统、制动系统、支腿收放系统以及驾驶室升降系统。由动力装置液压泵驱动,其中支腿用于检修时升起车身。

中小型有杆式牵引车只有一个驾驶室,部分驾驶室还具备升降功能(见图 3.34),用于倒车时查看车后情况。大型有杆式牵引车前后都有驾驶室(见图 3.40),在推飞机至指定位置后,驾驶员离开前驾驶室进入后驾驶室驾驶牵引车撤离。

图 3.34　驾驶室升起

2. 牵引杆结构

牵引杆(towbar,又称拖把)用于传递牵引力。牵引杆一端是连接至牵引车的牵引环,另一端是连接飞机前起落架的牵引钩和锁定装置(见图 3.35 和图 3.36)。牵引飞机时,牵引钩与飞机前起落架的牵引接头(见图 3.37)对接锁定。牵引钩后安装了剪切销(见图 3.36),当牵引转弯角度超过飞机前起落架极限转弯角度时剪切销被剪断以保护飞机前起落架。由于不同型号的飞机要求不同的牵引力和极限剪切力,所以每一型号的飞机均需配备专用的牵引杆,并需配备相关的工作人员安装和拆卸牵引杆。牵引杆的中间是高度调节装置,该装置由支撑轮和手动液压泵组成。在牵引杆与前起落架连接后,为方便连接牵引车的牵引栓,摇动手动液压泵调整支撑轮架与牵引杆的夹角从而改变牵引杆另一端离地面的高度以便对准牵引栓。支撑轮也用于牵引车拖行牵引杆撤离(见图 3.38)。

图 3.35　牵引杆

图 3.36　剪切销(箭头所指)

滑行灯
牵引接头
飞机前轮
轮挡

图 3.37　飞机前起落架

图 3.38 拖行牵引杆

3.4.3 技术参数

下面以 TK‑QY400 大型有杆式飞机牵引车(见图 3.39～图 3.41)为例说明有杆式飞机牵引车的主要技术参数(见表 3.4)。

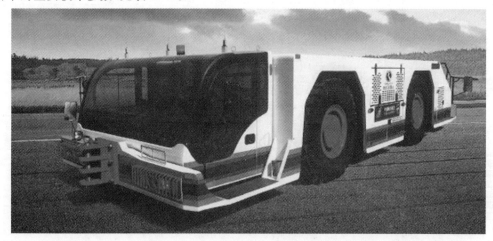

图 3.39 TK‑QY400 型有杆式飞机牵引车前部

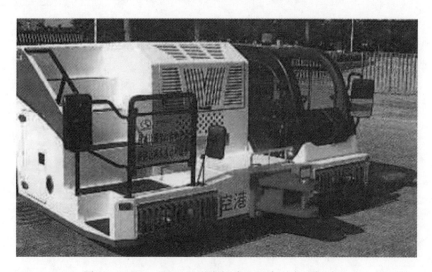

图 3.40 TK‑QY400 型有杆式飞机牵引车后驾驶室

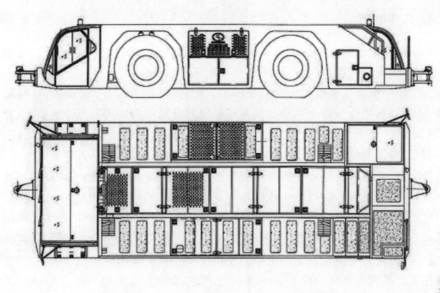

图 3.41　TK‐QY400 型有杆式飞机牵引车结构

表 3.4　TK‐QY400 有杆式飞机牵引车主要技术参数

整车尺寸(长×宽×高)	9 853mm×3 080mm×1 650mm
整备质量	55 000kg
前桥负载	27 100kg
后桥负载	27 900kg
最大牵引力	400kN
最大牵引质量	550t
最小转弯半径	5 310mm
最大速度	28km/h(空载)
离地间隙	180mm
发动机	道依茨(DEUTZ),德国
变速箱	德纳(Dana),美国
驱动桥	凯斯勒(Kessler),德国
制动系统	液压制动
转向系统	液压转向
轮胎规格	16.00‐25‐36PR　40PR‐36PR

3.4.4　工作原理

有杆式飞机牵引车的牵引栓与飞机前起落架通过牵引杆相连接,牵引力通过牵引杆传递给飞机,当牵引车行驶时即可以推/拖飞机在地面移动位置。

有杆式飞机牵引车在牵引飞机时需要四个人配合,他们是指挥员、观察员、驾驶员和飞行员。在牵引飞机时,指挥员在牵引车右侧戴耳机与驾驶舱中的飞行员保持通话,观察员在左侧观察(见图 3.42)。指挥员是整个飞机牵引过程的总指挥,负责指挥飞行员松飞机刹车、驾驶员驾驶牵引车、确认前轮转弯旁通销的插拔情况以及监督转弯角度是否符合要求等,并使用耳麦与飞行员交流、使用对讲机或手势与驾驶员和观察员交流;观察员负责确认飞机在被牵引前已取走所有轮挡、在飞机牵引过程中观察机坪交通状况、防止无关车辆及人员与飞机接近、观察飞机与飞机及其他障碍物的间距是否满足有关规定,并在紧急情况下能够立即通知指挥员及驾驶员停止牵引,确保牵引飞机的安全;驾驶员负责根据指挥员的命令驾驶牵引车牵引飞机,在紧急情况时可自主决定刹车停止牵引飞机或驾驶牵引车远离飞机,同时应用对讲机报告指挥员通知飞行员刹车停住飞机;飞行员在飞机驾驶舱内负责按照指挥员的命令控制飞机刹车和松刹车,在紧急情况时应能够及时刹车停住飞机,并在牵引飞机的过程中始终与地面指挥员、塔台保持联系。

图 3.42　指挥员与观察员

操作程序:

1.准备工作

(1)指挥员的工作。

1)检查飞机机轮压力和减震柱压缩量是否正常;

2)安装前轮转弯旁通销;

3)检查各登机门、货舱门和检查门是否已关好;

4)在观察员的协助下将牵引杆连接到飞机上(见图 3.43)。

(2)飞行员的工作。

1)检查飞机两侧对应油箱的油量是否平衡;

2)检查飞机刹车压力是否在正常范围内;

3)检查飞机上的设备和可能发生移动的物品是否放置稳妥;

4)打开飞机驾驶舱侧窗或接通飞机内话系统及对讲系统,保证飞机内外通话清晰;

图 3.43　牵引杆连接至飞机

5)接通飞机的电源和液压源(视情况决定);

6)接通飞机的航行灯和防撞灯。

(3)观察员的工作。

1)确保机位灭火瓶在位;

2)协助指挥员将牵引杆连接到飞机上(见图 3.43)。

(4)驾驶员的工作。

1)检查牵引车,确保牵引车各项性能良好;

2)当牵引车接近飞机时,按"二次靠机法"接近飞机;

3)把牵引杆连接至牵引车时,应先确认飞机周围无任何障碍物,并在机务员的指挥下,以低速挡接近牵引杆且不得发生碰撞,先调整牵引杆连接至牵引车一端的高度(见图 3.44),再让牵引栓的插销穿过牵引杆的牵引环(见图 3.45);

4)驾驶员应明确牵引路线、停机位、牵引的特殊要求和注意事项,并按指挥员的指令操作。

图 3.44　调整牵引杆离地高度

图 3.45　牵引杆连接至牵引车

2. 飞机牵引

(1)指挥员确认牵引车与飞机连接好后撤轮挡;

(2)指挥员向飞行员发出松飞机刹车的指令;

(3)飞行员松飞机刹车后,指挥员通知驾驶员开始牵引;

(4)驾驶员选择一挡起步,随着车速的增加再选择更高挡位,但是在牵引过程中不能换挡;

(5)在牵引飞机的过程中,观察员与指挥员分别在牵引车的两侧跟随牵引车行走。当牵引飞机进出机位时,观察员应站在机尾或翼尖外侧步行跟随飞机。

3.5　无杆式飞机牵引车

3.5.1　概述

无杆式飞机牵引车(见图 3.46)又称抱轮车,它无须牵引杆,而是以抱夹飞机前轮并向上托起飞机前起落架的方式牵引飞机的。

有杆式飞机牵引车体积大、操作难、效率低、浪费人力资源和机库面积,常出现剪切销损毁、牵引杆脱离飞机等事故。相比较而言,无杆式飞机牵引车具有以下主要优点:

(1)运行成本低。牵引时将飞机的前起落架托起,借助了飞机的部分质量来增加车轮对地面的压力,从而增加了车轮与地面的摩擦力,因此无杆式飞机牵引车无须刻意增加自身质量来防滑。由于其自身质量较轻,所以空驶时油耗较低,也增加了轮胎的使用寿命,从而降低了车辆运行成本;

(2)减少了牵引杆,简化了工作程序,提高了通用性和操作的安全性;

(3)在牵引作业时与飞机形成一个整体,成为飞机的附件,提高了操纵性和牵引效率,在牵引飞机时最高速度可达 30km/h,远超有杆式飞机牵引车的牵引速度。

图 3.46　无杆式飞机牵引车

　　根据结构不同把无杆式飞机牵引车分为内燃式、电动式和遥控电动式三种。

　　内燃无杆式飞机牵引车(见图 3.46)以柴油发动机作为原动力驱动液压系统的液压泵,液压系统再驱动行驶系统的驱动轮和联机装置。

　　电动无杆式飞机牵引车(见图 3.47)采用动力电池和电动机作为液压泵的原动力,液压系统驱动联机装置,而行驶系统的驱动轮由电动机直接驱动。相对内燃无杆式飞机牵引车,由于电动无杆式飞机牵引车没有柴油机运转时的震动和复杂的传动结构,所以减少了整车故障;不需添加燃油、不需调整电源、几乎不需更换部件;寒冷天气也不影响启动,适用于任何季节。上述这几个特点大大降低了飞机的牵引成本。经业界评估,电动无杆式飞机牵引车要比内燃无杆式飞机牵引车节约 60％～70％的维护、燃油等运行费用,且初始采购成本低、无废气排放、无噪声污染,提升了机场节能降污能力。

图 3.47　电动无杆式飞机牵引车

　　遥控电动无杆式飞机牵引车(见图 3.48)除拥有电动无杆式飞机牵引车的优点外,还具有体积小、可大幅节约回转和停放空间等特点,不仅适用于机坪还特别适合在机库内作业。其蓄电池单次充电可保障牵引数十架次飞机起降,且只需两名机务员操作即可牵引飞机,无需专职的牵引车驾驶员。当需要在机场内长距离转移时,可利用行李牵引车快速将其牵引至新的工作地点(见图3.49)。在牵引飞机过程中机务员可全视野观察飞机状态,大幅度提升航班的安全性及准点率。

图3.48　遥控电动无杆式飞机牵引车

图3.49　行李牵引车牵引遥控电动无杆式飞机牵引车

3.5.2　总体结构

内燃无杆式飞机牵引车主要由底盘、液压系统、联机装置及驾驶室组成(见图3.50)。

底盘采用低矮设计的专用底盘,以柴油机为动力装置,采用液压转向、液压制动、后轮驱动。由于两个后轮之间的空间用于飞机前轮和联机装置对接,没有额外的空间安装传统的传动轴和驱动桥,所以采用液压驱动,每个后轮均由轮毂中的液压马达驱动。

液压系统为行驶、转向、制动和驾驶室升降、顶升系统、联机装置提供动力。内燃无杆式飞机牵引车的液压泵由柴油机驱动,电动无杆式飞机牵引车的液压泵则由动力电池和电动机驱动。如果上述主液压泵出现故障,则由电动应急液压泵驱动紧急转向等操作。

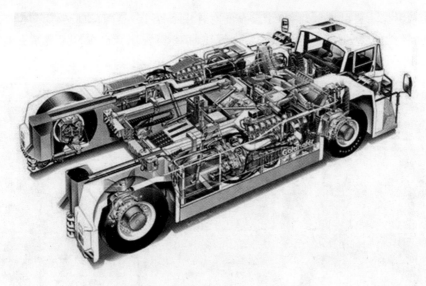

图 3.50　内燃无杆式飞机牵引车结构

　　联机装置(见图 3.51)是无杆式牵引车的核心装置,用于与飞机的前起落架连接,由夹持装置、举升装置、过转向检测装置组成。在操作对接飞机时,联机装置抱夹飞机前轮并向上托起飞机前起落架的全过程是自动完成的(见图 3.52)。

图 3.51　一种内燃无杆式牵引车的联机装置

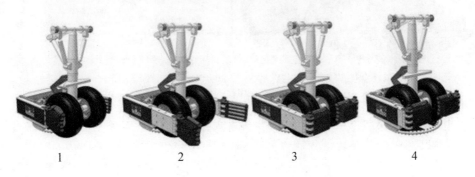

| 1 | 2 | 3 | 4 |

图 3.52　一种联机装置抱夹飞机前轮的过程

驾驶室可升降,且驾驶员座椅位于整车的对称中心线上。当驾驶员操作牵引车对接飞机和推飞机时,需把驾驶室升起,驾驶员座椅向后转动180°(见图3.53),以便驾驶员操作联机装置对接飞机前起落架。

图 3.53　驾驶员座椅向后转动180°

电动无杆式飞机牵引车的动力装置为电动机,其驱动轮和液压系统均由专用电动机驱动。由于没有体积大、质量大的柴油机,从而大大减小了牵引车的体积和质量(见图3.54)。

图 3.54　电动无杆式飞机牵引车结构

遥控电动无杆式飞机牵引车无须驾驶室等有人操作系统,从而进一步减小了车身并简化了结构(见图3.55~图3.58)。

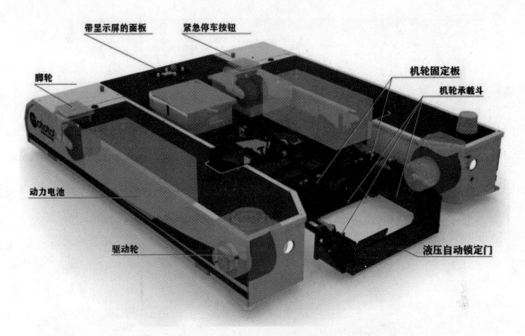

带显示屏的面板　紧急停车按钮

脚轮

机轮固定板

机轮承载斗

动力电池

驱动轮

液压自动锁定门

图 3.55　遥控电动无杆式飞机牵引车结构

图 3.56　遥控电动无杆式飞机牵引车的联机装置

图 3.57　遥控电动无杆式飞机牵引车的液压系统

图 3.58　遥控电动无杆式飞机牵引车的遥控器

3.5.3　技术参数

以德国 Goldhofer AST－3 型无杆式飞机牵引车（见图 3.59）为例说明内燃无杆式飞机牵引车的主要技术参数（见表 3.5）。

表 3.5　**Goldhofer AST－3 型无杆式飞机牵引车主要技术参数**

整车尺寸（长×宽×高）	6 990mm×3 000mm×1 650mm
整备质量	9 000kg
发动机输出功率	93kW
轴距	3 300mm
前桥转向角	60°

续 表

最小转弯半径	7 500mm
前起落架最大载荷	160kN
最大牵引质量	160 000kg
牵引力	66kN
行驶系统	两轮液压驱动
最大速度	32km/h
60%最大载荷时的维护牵引速度	15km/h
100%最大载荷时的推行速度	5km/h
轮胎规格	前桥 2X355/65－15,后桥 4X250/60R12
驾驶室	单人驾驶室,双方向盘,旋转座椅

图 3.59　Goldhofer AST－3 型无杆式飞机牵引车

　　以美国 LEKTRO AP8800SDA 型电动无杆式飞机索引车（见图 3.60）为例说明电动无杆式飞机牵引车的主要技术参数（见表 3.6）。

表 3.6　LEKTRO AP8800SDA 型电动无杆式飞机牵引车主要技术参数

整车尺寸(长×宽×高)	5 282mm×2 030mm×940mm
整备质量	3 175kg
轴距	2 342mm
最小转弯半径	4 570mm
联机装置最大举升载荷	4 082kg
前起落架举升高度	230mm

续 表

离地间隙	127mm
最大速度	15.4km/h(空载),6.4km/h(最大负载)
动力电池规格	72V,372Ah
驾驶室	双人驾驶室,反向双方向盘,反向双座椅

图 3.60　LEKTRO AP8800SDA 型电动无杆式飞机牵引车

以德国 Mototok SPACER 8600 MA PB 型遥控电动无杆式飞机索引车(见图 3.61)为例说明遥控电动无杆式飞机牵引车的主要技术参数(见表 3.7)。

表 3.7　**Mototok SPACER 8600 MA PB 型遥控电动无杆式飞机牵引车主要技术参数**

整车尺寸(长×宽×高)	3 305mm×2 610mm×553mm
整备质量	5 400kg
轴距	2 342mm
联机装置最大举升载荷	10 000kg
联机装置最大可承载机轮宽度	851mm
联机装置可承载机轮直径	450~1 200mm
联机时间	10s
最大牵引质量	95t
离地间隙	81mm
最大速度	5.4km/h
动力电池规格	80V,300Ah

图 3.61　Mototok SPACER 8600 MA PB 型遥控电动无杆式飞机牵引车

3.5.4　工作原理

无杆式飞机牵引车通过联机装置抱夹飞机前轮并举起飞机前起落架,使牵引车等同于飞机的前起落架,并可在牵引过程中检测和警告前轮的转向角度。

操作程序:

(1)调整驾驶员座椅向后使驾驶员面对联机装置和飞机,按照"二次靠机法"靠近飞机前轮,并调整行驶方向使联机装置的轴向对称中心线对准前起落架减震支柱中心线;

(2)在飞机前轮 2m 处停车,降下并打开联机装置;

(3)缓慢行驶接近飞机前轮,操作联机装置夹持、锁紧飞机前轮并向上抬离地面;

(4)根据牵引需要选择驾驶员座椅方向,拖飞机时座椅向前,推飞机时座椅向后;

(5)解除牵引车的制动后缓慢加速,开始牵引飞机;

(6)牵引结束后,牵引车与飞机断开连接过程与对接飞机相反。

3.6　飞机充氧车

3.6.1　概述

飞机充氧车(见图 3.62)是为飞机氧气瓶灌充氧气的航空地面设备,载有数组氧气瓶,通过车载充氧设备将氧气瓶组内的氧气灌充到飞机氧气瓶中。

当飞机飞行时,随着飞行高度的增加,气压越来越小,空气越来越稀薄,氧气也随之减少。巡航飞行时,飞行高度约 10 000m,在此高度气压降至约 0.2atm(1atm＝101.325Pa),显然无法让人生存。为了把机舱内的气压维持在可正常呼吸的水平(海拔 2 500～4 500m),飞机上安装了机舱增压系统。这样,不需要用供氧设备也能使机内人员有一个舒适的环境。在飞行中当增压失效时,飞机应快速下降到安全高度。在下降到安全高度之前,由飞机氧气系统来确保机组人员和旅客的生命安全。

飞机氧气系统分为旅客氧气系统(见图 3.63)、机组氧气系统(见图 3.64)和手提式氧气设备三大部分。在驾驶舱的机组人员根据需要随时可以使用氧气,而客舱内的旅客和乘务员只能在座舱增压失效、氧气面罩自动脱落时和人工操控时才允许使用氧气。目前大多数飞机采用独立的旅客氧气系统和机组氧气系统:旅客氧气系统采用化学氧气发生器供氧,机组氧气系统采用氧气瓶压力供氧(见图 3.65)。少数大型客机(如波音 747-400)的旅客氧气系统和机组氧气系统都采用高压氧气瓶通过管路供给氧气。当驾驶舱内的仪表显示机组氧气系统的氧气瓶内压力低于标准值时便需要及时充氧。

图 3.62　飞机充氧车

图 3.63　客舱的旅客氧气系统

图 3.64　驾驶舱的机组氧气系统

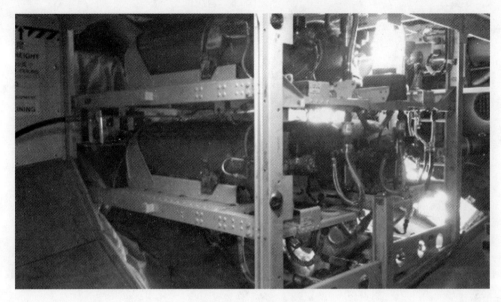

图 3.65　飞机氧气瓶

3.6.2　总体结构

飞机充氧车由底盘、氧气瓶组和充氧设备组成(见图 3.66)。

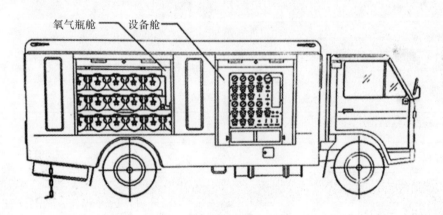

图 3.66　飞机充氧车结构

飞机充氧车一般使用二类底盘,分为内燃式和电动式。

氧气瓶分为 3～4 组,每组由 4～5 个氧气瓶通过管路串联,每个氧气瓶的容积为 40L、额定储气压力为 20MPa。

充氧设备主要由增压压缩机、供氧管路、分离器、干燥器、调压装置、冷却装置以及操作仪表板组成。增压压缩机将氧气瓶内已被压缩的氧气加压后再输送给飞机,它由底盘发动机经取力器驱动或由电动机驱动。分离器用于分离氧气中的灰尘等杂质,干燥器用于吸收氧气中的水分,调压装置用于在充氧过程中的压力调节,冷却装置用于冷却增压后的氧气。

此外,还有为小型通航飞机充氧的简易型充氧拖车,一般携带 3～4 个氧气瓶(见图3.67)。

图 3.67　飞机充氧拖车

3.6.3　技术参数

以 CYC - 1.25/6 - 20 型飞机充氧车(见图 3.68)为例说明飞机充氧车的主要技术参数(见表 3.8)。

表 3.8　CYC - 1.25/6 - 20 型飞机充氧车主要技术参数

整车尺寸(长×宽×高)	5 830mm×1 946mm×2 205mm
整备质量	4 210kg
底盘	江铃 JX1040DL2
允许行驶速度	二级公路≤50km/h
灌充介质	航空呼吸用氧和医用氧气
氧气储量	128m³
氧气瓶数量	16 个
氧气瓶容积	40L/个
氧气瓶最高储气压力	50MPa
工作噪声	≤85dB
使用高度	≤海拔 4 000m
环境温度	−40℃～+45℃
空气相对湿度	≤95%
压缩机类型	二列立式单动水冷
压缩机过滤	75kW
压缩机排气量	75m³/h

续 表

压缩机排气压力	20MPa
压缩机排气温度	≤160℃
压缩机润滑方式	气缸无油润滑,曲柄连杆封闭润滑

图 3.68　CYC‑1.25/6‑20 型飞机充氧车

3.6.4　工作原理

飞机充氧车充氧分为压差充氧和增压充氧两种模式。当车内氧气瓶压力远大于机内氧气瓶压力时,只需连接管路打开阀门,氧气将自动从充氧车灌充到飞机;随着灌充的进行,车内氧气瓶组的压力不断下降,当压力当接近机内氧气瓶压力时,启动增压压缩机将车内氧气瓶的氧气加压后灌充至飞机氧气瓶。

操作程序:

(1)把供气软管连接至飞机,打开供氧管路中的控制开关;

(2)根据瓶内压力,选定一氧气瓶组,打开该氧气瓶组开关进行压差充氧;

(3)当压力降至无法继续进行压差充氧时,开启增压压缩机,将氧气增压后继续灌充至飞机氧气瓶;

(4)若飞机氧气瓶被灌充至规定压力之前,增压压缩机的进、排气压力比降至 1∶3.4,切换另一氧气瓶组继续重复上述灌充步骤;

(5)充氧完毕,卸下充氧软管,关闭各氧气瓶组开关及充氧控制开关(见图 3.69),开启各组增压开关及充氧开关,排出充氧管路内的氧气。

充氧的操作注意事项:

(1)操作者应穿着无油衣帽,并在操作前用脱脂肥皂洗手。油脂,特别是含有不饱和脂肪酸的油脂,很容易氧化发热,引起燃烧,如果氧气瓶口沾染油脂,当氧气高速喷出时,高压气流与瓶口摩擦产生的热量能加速油脂的氧化过程,极易引起燃烧,甚至引起气瓶爆炸;

(2)充氧结束后驾驶员先打开放空开关,放掉循环管路和充氧导管中的残余氧气,然后再打开分离器、干燥器放空开关,放掉管路中的高压氧气。

图 3.69 关闭车上各氧气瓶组开关

3.7 飞机除冰车

3.7.1 概述

飞机除冰车(见图 3.70)是利用加热后的除冰液除去飞机表面冰雪的航空地面设备,还可利用防冰液为飞机防冰。

图 3.70 飞机除冰车

飞机为什么要除冰?飞机在飞行中的升力主要来自飞机与空气的相对运动,而升力的大小与飞机的气动外形密切相关。当机翼表面(尤其是机翼前缘)附着冰雪等污染物时将严重影响飞机的气动外形,使升力下降、阻力增加(见图 3.71),还有可能妨碍飞机的操纵系统,从而使飞机的飞行性能大大下降,特别是起飞时的飞行姿态难以控制,易造成空难;发动机进气口处的冰雪会使飞机发动机进气的气流紊乱从而导致发动机喘振等故障,附着在飞机表面的冰块在飞机起飞后容易脱落并被吸入发动机,造成发动机结构损坏;此外,空速管、静压孔如果被冰雪堵塞则会导致错误的飞行数据。因此,如果在起飞前发现飞机表面有危害飞行的冰雪,必须为飞机除冰后才能起飞。

图 3.71　机翼前缘的冰雪将导致升力损失

常用的地面飞机除冰方法有机械除冰和物理除冰两种。机械除冰是指让冰雪直接受力而脱离飞机表面的方法,如用扫把扫除冰雪(见图 3.72 和图 3.73)、高压空气除雪;物理除冰的原理是降低冰雪的附着力或冰点,如用除冰车喷射加热后的除冰液使冰雪快速融化(见图3.74),同时还降低其冰点。除冰液是水和醇类(常用乙二醇)的混合物,其冰点在零下数十摄氏度。防冰液是在除冰液的基础上添加增稠剂,以增加其附着在飞机表面上的时间,从而在一定时间内防止结冰。

除冰车的除冰方式主要有机位除冰和集中除冰两种。在中小机场一般实行机位除冰,即在飞机正常停泊的机位除冰,由于航班少,除冰完成后可及时起飞。对于大型机场,由于航班量大,为防止飞机除冰后无法及时起飞而导致飞机再次结冰,所以一般使用集中除冰方式,即飞机在起飞前进入跑道两端的专用除冰坪除冰,除冰后即可立刻进入跑道起飞,而且除冰车和除冰液供应设施均固定在除冰机坪,大幅提高了除冰效率。

图 3.72　机械除冰一

图 3.73　机械除冰二

图 3.74　除冰车除冰

3.7.2　总体结构

　　飞机除冰车由底盘、柴油发电机组、液压系统、除冰液箱、高空作业系统、除冰液加热系统、除冰液喷洒系统、通话系统以及电气控制系统组成(见图 3.75 和图 3.76)。

　　飞机除冰车目前均采用内燃式二类底盘。底盘安装了板簧锁紧装置,当飞机除冰车绕飞机行驶除冰时,底盘将暂时失去减震功能,以防止除冰车在除冰过程中车身晃动导致高空作业系统的结构承受过大的动载荷。

　　底盘上安装了柴油发电机组,发电机为驱动液压泵的电动机供电。液压系统用于驱动高空作业系统和除冰液喷洒系统。

　　除冰液箱是储存除冰液的箱型容器,在其侧面设有液位计。有些飞机除冰车还安装了防冰液箱,具备防冰功能。

图 3.75　飞机除冰车左侧

图 3.76　飞机除冰车右侧

图 3.77　飞机除冰车高空作业系统

高空作业系统由动臂、作业平台组成(见图 3.77)。动臂又由立柱、伸缩臂、旋转臂组成

（见图 3.78），用于把除冰员举升到适当高度和位置以便除冰员喷射除冰液。由于大部分冰雪集聚在飞机的上表面，为有效地除去冰雪，除冰员必须从高处喷射除冰液，因此除冰员必须站在高于相应表面的位置。高空作业平台分为开放式和封闭式（见图 3.79）两种。在开放式作业平台中除冰员手持喷枪精确喷射除冰液，但是除冰员本身暴露在恶劣天气中；封闭式作业平台中除冰员无法手动喷射除冰液，只能遥控喷射，其喷射精确度不如开放式，但除冰员拥有较为舒适的工作空间而不受恶劣天气影响。

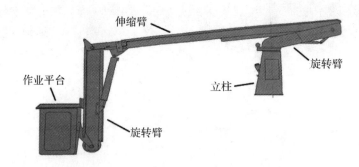

图 3.78　飞机除冰车高空作业系统动臂结构

图 3.79　封闭式作业平台与开放式作业平台

　　因为在室温状态下的除冰液无法除去飞机表面的冰雪，所以必须用除冰液加热系统将其加热至 80℃以上温度再喷出（见图 3.80）。除冰液加热系统（见图 3.81）由喷火器和热交换盘管组成。喷火器采用柴油作为燃料，其高速火焰喷射在热交换盘管上，当除冰液流过盘管时即可被即时加热。

　　除冰液喷洒系统由除冰液泵、管道和喷枪组成，其中，安装在作业平台的喷枪（见图 3.82）用于清除飞机上表面的冰雪，安装在车辆底盘处的地面喷枪（见图 3.83）用于清除飞机下表面及起落架上的冰雪。除冰液喷洒系统有循环功能，可以使除冰液经加热器加热后流回除冰液箱，实现整个除冰液箱的除冰液预先加热。

　　通话系统由驾驶室和作业平台上的耳麦组成，用于驾驶员与除冰员之间的通话。在除冰作业时，作业平台内的除冰员必须与驾驶员协作，但是现场噪声大、可见度低，因此必须使用通话系统。

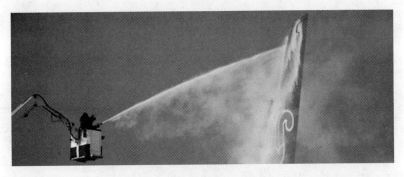

图 3.80　除冰液被加热后喷出

图 3.81　除冰液加热系统

电气控制系统用于控制液压系统、高空作业系统和除冰液加热系统,在驾驶室里(见图 3.84)和作业平台上(见图 3.85)都设有操作台。

图 3.82　作业平台喷枪

图 3.83 地面喷枪

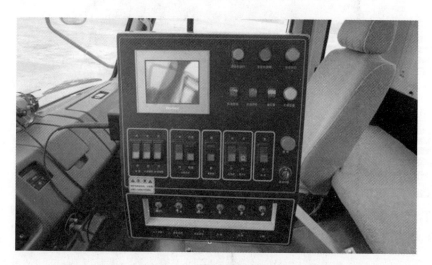

图 3.84 驾驶室操作台

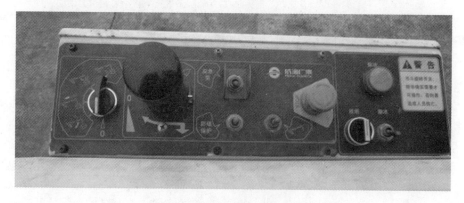

图 3.85 作业平台操作台

3.7.3　技术参数

下面以 Global Ultimate 2200TE 型飞机除冰车(见图 3.86)为例说明飞机除冰车主要技术参数(见表 3.9)。

表 3.9　**Global Ultimate 2200TE 型飞机除冰车主要技术参数**

整备质量	13t
底盘	弗莱纳
除冰液箱容量	7 192L
防冰液箱容量	1 135L
工作平台最高高度	14.33m
工作平台承重	113kg(封闭式)/204kg(开放式)
除冰液加热能力	3400000BTU(996kW·h)

图 3.86　Global Ultimate 2200TE 型飞机除冰车

3.7.4　工作原理

飞机除冰车在除冰开始前,除冰员(一般为机务员)必须通知机长除冰的开始时间、除冰液型号等信息(见图 3.87)。驾驶员驾驶飞机除冰车行驶至飞机旁停下,高空作业系统把除冰员举升至适当高度和位置,除冰员在工作平台中手持(或遥控)喷枪依次向飞机结冰表面喷射加热后的除冰液,热除冰液可迅速冲刷去除冰雪。在除冰雪的过程中,除冰员可调整工作平台的空中位置以便接近飞机结冰区域,当可接近范围内的结冰表面均已除去冰雪时,除冰员通知驾驶员移动除冰车至飞机的其他位置再次开始除冰作业。重复上述过程,直至飞机除冰车绕飞机行驶一圈除去所有冰雪。若机翼下表面或起落架结冰,则由除冰员在地面使用地面喷枪除冰。

操作程序：

(1)依次启动柴油发电机组、液压系统、除冰液喷射系统；

(2)启动加热系统，循环加热除冰液；

(3)在除冰员的指挥下，驾驶员驾驶飞机除冰车行驶至飞机旁；

(4)除冰员进入工作平台，升至适当位置和高度开始除冰；

(5)除冰结束后，除冰车离开飞机一定距离后，除冰员再降下工作平台。

地面除冰无须启动液压系统，除冰员在地面手持地面喷枪除冰即可。

图 3.87　除冰员与机长沟通除冰情况

第4章 飞机加油设备

4.1 飞机加油车概述

飞机加油车是为飞机加油和抽油的专用设备。

民航客机无法空中加油，因此航程有限。以常见的波音 737－800 为例，其最大载油量为 26 025L，最大航程 5 660km，所以民航客机每次飞行后都必须加油。与汽车不同，民航客机不能直接开到加油站，只能停泊在固定机位，且加油量巨大，加油口位置较高，因此民航客机加油必须借助专用加油设备——飞机加油车。此外，飞机加油车还具备抽油功能，当飞机油箱需检查和维修时，可使用飞机加油车抽出飞机油箱内的燃油。

为减小体积、利用空间和保持气动外形，现代飞机的主油箱均为结构油箱，主要位于机翼内部。除了主油箱在机身还会设置容量相对较小的中央油箱，有些大型飞机如空客 380 飞机在水平尾翼上还有配平油箱（见图 4.1）。

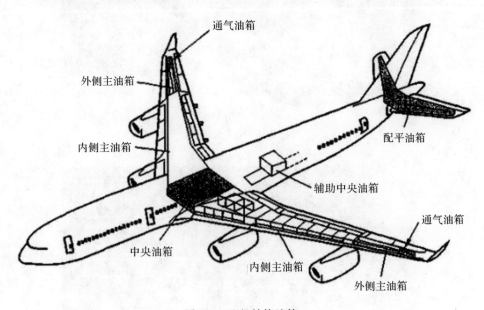

图 4.1　飞机结构油箱

飞机加油有重力加油和压力加油两种方式。重力加油即燃油从加油枪喷出后利用重力流入机翼上表面的加油口，加油枪的位置在油箱液面上方（见图 4.2 和图 4.3），与汽车加油类似，小型飞机采用这种加油方式。压力加油则是把燃油加压后从油箱下方加油口注入油箱，加油接口在油箱下方（见图 4.4）。大型飞机的机翼离地面较高，不便使用机翼上方的重力加油口,且加油量巨大,重力加油会耗时过多,所以大型飞机使用压力加油,而把重力加油作为备份加油方式。

图 4.2　重力加油一

图 4.3　重力加油二

图 4.4　压力加油

压力加油效率高,可快速为飞机加油,并且在对飞机油箱进行维护修理时还可以快速抽出油箱里的油,但压力加油需要借助专用设备且操作复杂;重力加油不需机械设备的额外协助,可靠性好,操作简单,但是加注效率相对较低,速度慢,且容易洒出燃油。

飞机加油车是给飞机实施压力加油或抽油的航空地面设备,还具有泵油、调压、净化和计量等功能。根据结构分为罐式飞机加油车和管线飞机加油车。罐式飞机加油车(以下简称罐式加油车,见图 4.5)用于为飞机加注自身油罐装载的燃油,管线飞机加油车(以下简称管线加油车,见图 4.6)用于为飞机加注地井中的燃油。

图 4.5　罐式飞机加油车

图 4.6　管线飞机加油车

为简捷、安全、高效地为飞机加油,飞机加油车有如下特点:

(1)加油压力稳定性要求高。加油管路上装有压力调节器、稳压器和加油压力表。

(2)燃油的洁净度高。加油管路上装有高性能的过滤分离器。

(3)加油的高安全性。装有消静电装置联锁控制系统、电气防爆器、灭火器等。

(4)加油计量精准。装有高精度、大流量的计量器。

(5)燃油装载量大。罐式加油车油罐容量能确保一次完成飞机加油;管线加油车为单架飞机加油时,可看成无限量供应燃油。

（6）防腐性能好。因为飞机燃油采用航空煤油，而航空煤油对一般的金属有腐蚀性，所以飞机加油车的油罐、管路、泵体等所有煤油经过的地方都须具有防腐性能。罐体和金属管道必须采用铝合金制造。

（7）作为场内行驶车辆，不受有关公路车辆标准法规的限制，对等速行驶燃料消耗量、加速性能、滑行性能等不作标准限值要求，只需满足机场设备标准就可以。

（8）因涉及易燃易爆品，所以低速（一般指低于45km/h）、防火防爆、防泄漏、操作安全是飞机加油车的基本运行条件。例如，发动机、排气管等发热部件须采取有效措施与输油管路隔离；管路系统中设置搭铁线；车辆尾部设置导静电拖地胶带；加油管路全部采用不锈钢管设计；各操作开关设置明显的标牌提示；设置联锁保护、应急保护等功能。

（9）可按需定制。如：上装与底盘可以完全独立以方便维修；可设置工作照明灯、取样照明灯等；静电卷盘、轮挡等小附件按客户习惯位置安装；可为客户配备航空加油梯等。

4.2 管线加油车

4.2.1 总体结构

管线加油车是将地井中的航空燃油输入飞机油箱的专用设备，由底盘和上装两大部分构成。

底盘一般采用内燃式二类底盘，也有厂商开始推出电动式管线加油车（见图7.5）。

管线加油车的上装是指除底盘外的所有加油装置的总称。管线加油车的上装主要由进油管路、过滤分离器、压力控制装置、燃油计量装置、燃油取样装置、加油管路、工作平台、加油控制系统、联锁系统等部件构成（见图4.7）。

图 4.7　管线加油车总体结构

进油管路用于连接地井中的加油栓，由地井接头（见图4.8）和地井软管等组成，用于将地井中的燃油导入加油车，地井中的燃油来自机场油库（见图4.9）；过滤分离器用于滤除燃油中的杂质、分离燃油中的空气，使燃油符合飞机使用的要求；压力控制装置用于控制管路中的加油压力;燃油计量装置用于计量加入飞机油箱的燃油量,并实时显示燃油流速;燃油取样装置用于在加油过程中对过滤前、后的燃油进行检测;加油管路主要由加油软管和加油接头(见图4.10)组成,分为平台软管(双管)和卷盘软管(单管)两路,前者必须在工作平台操作加油接头连接至飞机加油接口,后者可在地面操作;工作平台由液压系统驱动升降,用于为大型飞机加油时连接平台软管加油接头;加油控制系统用于加油的开启、关闭等操作,包含了呆德曼控制阀、仪表板等部件;联锁系统用于加油完成后检测所有在加油过程中使用过的部件(如加油接头)是否回到规定的存放位置,主要由接近开关等传感器和报警装置组成。

图4.8 地井接头

图4.9　机场油库

图4.10　工作平台内的加油接头

4.2.2 技术参数

下面以 R8－HD 型管线加油车(见图 4.11)为例说明管线加油车的主要技术参数(见表4.1)。

表 4.1　R8－HD 型管线加油车主要技术参数

整车尺寸(长×宽×高)	7 320×2 980×2 550mm
整备质量	5 940kg
底盘	梅赛德斯-奔驰 Atego 819
最高速度	25 km/h(机场地面,满载)
工作平台高度	1 400～4 050mm(胎面高度)
泵送介质	JET A－1
过滤器最大流量	3 800L/min
滤芯最大压差	0.1MPa
通过平台软管的加油速度	最大 3 800L/min
通过单卷盘软管的加油速度	最大 1 500L/min
最高工作温度	＋50℃(＋122°F)

图 4.11　R8－HD 型管线加油车

4.2.3 工作原理

管线加油车的工作原理:燃油在油库被加压后经地下管路系统输送至机位地井,加油车行驶至地井旁,将地井接头与地井加油栓对接,将加油接头与飞机油箱加油接口对接,地井中燃油在压力驱动下从加油栓进入加油车的进油管路系统,经过调压、过滤和计量后被输入飞机油箱,从而实现飞机燃油的加注。

操作程序:

(1)按规定的路线和速度行驶,车速一般控制为 25～40km/h。

(2)在加油员指挥下以"二次靠机法"接近飞机,距飞机 15m 前速度不大于 5km/h,测试刹车并确定加油位置;距飞机 5m 处停车,核对机型、机号、桥位、油量等航班信息,观察飞机下其他保障车辆及人员的活动状况,观察飞机机翼的高度,确认安全后以不大于 5km/h 的速度,按加油规定路线缓慢驶入加油位置,同时保持与飞机和周围保障设备的安全距离。禁止车头正对飞机。加油车的任何部位都不能停在飞机油箱通气口下方,加油车的发动机和尾气口必须远离飞机油箱通气口至少 3m。

(3)挂空挡,实施手制动,挂合取力器。

(4)加油员确认需加油服务飞机的航班号、机号、目的地以及加油量等信息。

(5)放下支腿,连接导静电线到飞机的规定位置(见图 4.12)。

图 4.12　连接导静电线

(6)打开地井盖、防尘盖,连接应急拉绳(用于紧急关闭加油栓阀门),将地井软管连接至加油栓,放置警示旗(见图 4.13)。

图 4.13　连接加油栓

（7）登上工作梯，打开飞机加油面板的盖板，连接卷盘软管加油接头，将加油接头与飞机加油接口锁牢（见图 4.14）。如果飞机加油接口位置较高，可使用升降平台连接平台软管加油（见图 4.15）。

图 4.14　使用工作梯连接卷盘软管的加油接头

图 4.15　使用工作平台连接平台软管的两个加油接头

（8）经机组人员示意可以加油后，打开地井栓先导阀和加油车相关阀门，手握应急拉绳、呆德曼控制阀（见图 4.16）实施加油。呆德曼控制阀是一种确保加油安全的开关，在加/抽油过程中，加油员必须持续握紧该控制阀开关。加油过程中，加油员必须站在车旁监控设备运行状况（见图 4.17）。

（9）加油量达到 1 000L 后，通过燃油取样装置取约 3L 油样进行外观检查。在飞机最高加油流速下记录压差和流速,监控过滤分离器的工作状态,同时再次确认接收到的机号与实际是否相符。

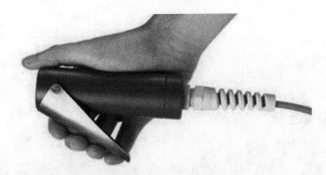

图 4.16　呆德曼控制阀

图 4.17　监控加油

(10)加油完毕后,松开呆德曼控制阀,将呆德曼控制阀放入指定位置,放油样目视检验。

(11)关闭地井加油栓,卸下飞机加油接头,盖好飞机油箱盖、加油接头防尘盖和飞机油箱盖板。

(12)收回导静电线。

(13)收起警示旗、卸地井接头,关闭地井先导阀,确认无渗油情况,盖好地井栓防尘盖和地井盖,手持挂钩收回紧急拉绳,收起地井接头。

(14)收回轮挡。绕车巡视一周,确认所有设备复位。在加油员指挥下以不大于 5km/h 的速度驶离飞机。

4.3　罐式加油车

4.3.1　总体结构

罐式加油车是将自身油罐中装载的燃油输入飞机油箱的专用设备,由底盘和上装两大部分构成。罐式加油车和管线加油车上装的最大区别是：前者拥有油罐，可装载燃油，但油罐容量有限；后者不能装载燃油，只能把地井中的燃油导入飞机，但相对而言地井中的燃油可看成是无限量。有些罐式加油车也配备了地井接头（见图4.18），具备利用地井为飞机加油的能力。两种加油车上装的其余各系统的组成和功能相同或相近，在本节不再赘述。

图 4.18　配备地井接头的罐式加油车

按结构可将罐式加油车分为三种：

(1)普通罐式加油车（见图 4.19），油罐容积为 $(1\sim3.5)\times10^4$ L；

(2)半挂式罐式加油车（见图 4.20），油罐容积为 $(4\sim10)\times10^4$ L；

(3)拖挂式罐式加油车（见图 4.21），油罐容积为 $(4.5\sim7)\times10^4$ L。

图 4.19　普通罐式加油车

图 4.20　半挂式罐式加油车

图 4.21　拖挂式罐式加油车

4.3.2　技术参数

下面以 CGJ5450GJJ 型半挂式罐式加油车(见图 4.22)为例说明半挂式罐式加油车的主要技术参数(见表 4.2)。

表 4.2　CGJ5450GJJ 型半挂式罐式加油车主要技术参数

整车尺寸(长×宽×高)	15 650mm×3 050mm×3 120mm
整备质量	44 780kg
总质量	16 630kg(满载)
底盘	中国重汽豪沃 HOWO4×2
挂车轴数	单桥
最小转弯半径	24m
最高速度	25km/h(满载)
工作平台高度	1 750～4 250mm
工作平台升降时间	20～25s
油罐额定容积	35 000L
通过平台软管的加油速度	2 400L/min(双管)
通过卷盘软管的加油速度	1 200L/min(单管)
通过平台软管的抽油速度	600L/min(双管)
通过卷盘软管的抽油速度	300L/min(单管)
装油速度	1 500 L/min(单管),2 500 L/min(双管)

图 4.22　CGJ5450GJJ 型半挂式罐式飞机加油车

4.3.3　工作原理

罐式加油车工作原理:燃油从油库被装入加油车的油罐中,加油车行驶至飞机油箱加油口旁,将加油接头与飞机油箱加油接口对接,燃油从油罐里泵出,经过调压、过滤、计量后进入飞机油箱,从而完成燃油的运输和加注。

操作程序:

(1)按规定的路线、速度行驶,行驶速度不得超过 30km/h,转弯速度不得超过 15km/h。

(2)按照"二次靠机法"接近飞机。

(3)把导静电线夹与飞机上的导静电桩连接。

(4)拉出卷盘软管(见图 4.23 和图 4.24),架起工作梯(若需使用)连接卷盘软管加油接头;或登上工作平台(若需使用)连接平台软管加油接头,并确保加油时胶管不被拉紧。

图 4.23　拉出卷盘软管

图 4.24　使用卷盘软管加油

(5)加油前目视检查确认静电线和轮挡已到位,观察流量计读数。

(6)按顺序打开加油栓阀门、加油阀,手握呆德曼控制阀,开始加油。

(7)加油过程中须监控加油车操作台仪表、加油接头、飞机油箱仪表等运行状况。

(8)加油期间实施油品质量检查。

(9)达到预设加油量,关闭呆德曼控制阀和加油阀门,停止加油。

(10)断开加油接头,盖好油箱盖,关闭加油舱盖板,收回加油胶管,将加油接头复位,盖好防尘盖,降下工作平台(或收回工作梯,见图 4.25),收回导静电线至规定位置,与飞机脱离。

(11)绕车一周检查,观察确认前方无障碍物,收回轮挡,确认所有装置已复位,以不大于5km/h 速度驶离机位。

图 4.25　收回工作梯

4.4　多功能车

多功能车(见图 4.26)是用于清洗地井里面的加油栓和高低点排放阀(用于检查地下管路中的油品质量)的专用车辆(见图 4.27)。多功能车安装了高压水冲洗系统、污水抽吸系统和压缩空气吹干系统,均由底盘发动机通过取力器驱动。

图 4.26　多功能车

图 4.27　左:清洗加油栓地井　右:清洗高低点排放阀地井

　　高压水冲洗系统由清水罐、水泵、管路和水枪组成,用于冲洗相关设施;污水抽吸系统由吸管、水泵、污水罐和管路组成,用于抽走地井中清洗后的污水和油污;压缩空气吹干系统由空气压缩机、储气罐、喷嘴和管路组成,用于吹干清洗后的设施。

　　当地井内有污垢、污水或油污等染物时,首先用多功能车高压水冲洗系统喷射高压自来水冲洗该地井及里面的加油栓或高低点排放阀(见图 4.28),再由污水抽吸系统抽干地井内的污水,最后由压缩空气吹干系统吹干地井及里面的加油栓或高低点排放阀。地井清洗原则是:三次冲水、两次抽干、一次吹净、一次擦干。

图 4.28　清洗加油栓地井

第 5 章 其他机场设备

5.1 吹雪车

吹雪车(见图 5.1 和图 5.2)是吹除机场道面积雪的特种车辆。

机场道面要求具有一定的摩擦因数,以保证飞机在地面的正常活动——停放、滑行、起飞和着陆等。在飞机着陆刹车过程中,跑道和机轮间的摩擦力使飞机的滑行速度逐渐减小。如果道面上有雪,道面的摩擦因数就会降低,由于雪不能从轮胎与跑道之间被完全挤出,从而使机轮与跑道之间只能部分接触,剩余的接触是轮胎与雪或水之间的接触,这样就使机轮与道面之间的摩擦力大为减小。当跑道摩擦因数低于 0.30 时,须关闭跑道,否则飞机有滑出跑道的危险。此外,积雪还会遮挡滑行线和机位线等重要地面标志。

吹雪车利用涡轮喷气发动机产生的高压、高温气流吹走机场道面的积雪,以保证跑道摩擦因数值满足适航要求,同时能够保证各类标志标识清晰可见。

图 5.1 吹雪车左侧

图 5.2 吹雪车右侧

吹雪车主要由二类汽车底盘和航空用涡轮喷气发动机组成,主喷管位于车身两侧,车头上有两个辅助喷管。涡轮喷气发动机排出的高速、高温燃气流大部分从吹雪车的两侧主喷管与地面呈一定夹角喷出,使积雪与道面分离并被吹走,少部分气流从车头的两个辅助喷管喷出(见图 5.3),用于除去车底的积雪,从而达到整个道面除雪的目的。吹雪车具有功率大、效率高、机动性强、使用方便等特点,广泛应用于机场跑道、滑行道、停机坪和高速公路的道面除冰雪作业(见图 5.4)。

根据在空气中的扩散轨迹通常把燃气流分为集束段、破裂段、扩散段三段。

集束段:离喷口 10m 以内,主要用于吹除雪墙、厚冰;

破裂段:离喷口 10～30m 外,用于吹除积雪、薄冰;

扩散段:离喷口 30～90m 外,用于吹除蓬松的干雪。

图 5.3　吹雪车前部

图 5.4　吹雪车作业

5.2　扫雪车

扫雪车可以清除道面上任何形式的冰雪,如疏松雪、压实雪、积冰,且无需使用融雪剂。

根据工作原理的不同,将扫雪车分为推雪式和抛雪式两种。

1. 推雪式扫雪车

推雪式扫雪车是将推雪铲安装在大型车辆上(如卡车、推土机),将雪推向跑道一边,留出滑行通道。该种车的缺点是只能将雪推到路边,易划伤道面,且清扫不彻底易留下部分紧贴道面的结冰层。推雪式扫雪车可分为紧凑型和多功能型。

紧凑型推雪式扫雪车(见图 5.5)用于机场跑道、滑道和停机坪的除雪。它集前推、中扫、后吹为一体,该车的设计紧凑,灵活度高,滚刷和高压鼓风机可以快速、有效地清除跑道积雪。

图 5.5　紧凑型推雪式扫雪车

多功能推雪式扫雪车(见图 5.6)是机场跑道、滑行区、停机坪的除雪设备,通过智能控制,推雪、扫雪、冷吹、除冰液喷洒共同完成对机场除雪区域进行的扫雪工作。为解决扫雪不彻底的问题,新型多功能推雪式扫雪车在车后增加了滚雪刷,可大大增强扫雪效果。

图 5.6　多功能推雪式扫雪车

2. 抛雪式扫雪车

抛雪式扫雪车先将冰雪卷入,再利用鼓风机产生的高压空气把冰雪向跑道一侧远远抛出(见图 5.7 和图 5.8)。它适用于跑道严重积雪的情况。

图 5.7　抛雪式扫雪车

图 5.8　抛雪式扫雪车

5.3　道面除胶车

飞机轮胎在着陆时高速转动接触跑道表面摩擦造成的高温,使轮胎橡胶瞬间溶化形成橡胶粘污物并涂抹在道面纹理中形成胶层(见图 5.9),随着摩擦次数的增加和时间的推移而使道面胶层不断加厚,造成道面摩擦因数降低,影响飞机的制动性能,特别是在道面为湿润状态下,跑道摩擦力明显降低,直接影响飞机的安全着陆。因此,应不定期地对跑道表面的胶层进行清洗,并确保道面摩阻因数不低于规定值,以避免事故发生。

目前机场跑道除胶常用的方法有机械打磨除胶、化学除胶和超高压水冲洗除胶。机械打磨除胶的优点是道面不受损,但只能去除表面胶层,而缝隙中的胶层无法去除,因此除胶后道面摩擦因数没有明显提高;化学除胶不损坏道面、摩擦因数可恢复,但是成本比较高;超高压水冲洗道面除胶车主要由超高压泵机组、真空回收机组、平面清洗器和电控系统组成,它先用超高压水流冲刷胶层,再回收、清除冲刷下来的胶粒,该方法除胶效果好,应用较广,还可用于机场道面标志线的去除以及停车坪油污的清除,但是对道面有一定损伤。

超高压水冲洗式道面除胶车(见图 5.10)的工作原理:车头动臂上的除胶装置(见图 5.11)首先喷射超高压(27MPa)水流冲刷跑道表面,然后除胶装置上的涡轮叶片迅速产生空气漩涡,将废弃的水、橡胶、油漆等废弃物回收进车尾回收罐,同时对除胶后的路面进行二次清洁(见图 5.12)。

图 5.9　跑道胶层

图 5.10　超高压水冲洗式道面除胶车

图 5.11　超高压水冲洗除胶装置

图 5.12　超高压水冲洗式道面除胶车作业

5.4　道面摩擦因数测试车

　　跑道道面的摩擦因数必须达到规定值才能确保飞机着陆的安全,因此必须得到精确的摩擦因数值。影响轮胎与道面间摩擦因数的因素比较复杂,有飞机滑行速度、道面粗糙度、道面状态(干燥、潮湿或被污染)、轮胎磨损状况、胎面的花纹、轮胎压力、滑移比等,因此,摩擦因数必须用专用设备——道面摩擦因数测试车来精确测量。

　　常用的道面摩擦因数测试车有两种:拖曳式道面摩擦因数测试车(见图 5.13 和图 5.14)是一辆安装了测量设备和传感器的三轮小拖车;整体式道面摩擦因数测试车(见图 5.15)则由民用车辆以及安装在该车底盘下的道面摩擦测试装置组成(见图 5.16)。

图 5.13　拖曳式道面摩擦因数测试车

图 5.14　拖曳式道面摩擦因数测试车

图 5.15　整体式道面摩擦因数测试车

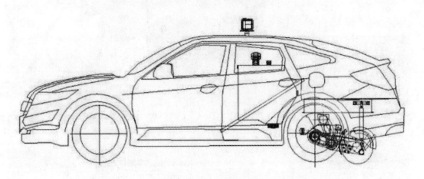

图 5.16　整体式道面摩擦因数测试车结构

5.5　划线车

　　划线车又称划线机,是一种广泛应用于公路和机场跑道的施工机械,可在平整的地面上划出不同约束、指引或警示等规则的限制标志。

划线车一般由发动机、空气压缩机、涂料桶、标线喷枪、导向杆、控制器和脚轮等装置组成。按照操作方法可分为自行式划线车(见图 5.17)和手推式划线车(见图 5.18);按照施工原料可分为冷喷划线车和热熔划线车。

图 5.17　自行式划线车

图 5.18　手推式划线车

5.6　驱鸟车

鸟击是指飞机在空中被鸟类撞击而发生的影响飞行安全的事件、事故或事故征候。飞机发动机的鸟击事件又称为吸鸟。随着飞机数量不断增加、体积越来越大、飞行速度越来越快,同时也就增加了在空中遭遇鸟击的可能性。鸟撞击飞机的部位主要集中在风挡、发动机、机头、起落架、天线罩、机翼前缘等部位,发生鸟击的后果十分严重,甚至有可能导致机毁人亡。

机场的驱鸟措施有射杀、拉网捕鸟、放炮、声波驱鸟等,其中声波驱鸟效果比较好且环保。

驱鸟车(见图 5.19)是以声波驱鸟的机场专用设备。它安装的集束强声波驱鸟系统能发出极强的声音,使一定范围内的任何动物都无法停留。经过一定周期的驱赶作业,可以改变鸟的习性和飞行路线,形成半径为数百米的驱赶空间。该车对地面和空中的鸟同样适用。

图 5.19　驱鸟车

5.7　清扫车

机场的机坪、跑道、滑行道必须保持干净,若出固体现垃圾等外来物有可能导致飞机发动机或轮胎受损。大中型机场常用清扫车(见图 5.20)定期进行打扫。

清扫车工作原理:边刷将角落的垃圾由外向内,集中扫向主刷能清扫到的范围,扫刷将垃圾清扫至吸盘前方;吸盘将扫刷清扫的垃圾吸入垃圾箱;过滤系统再将灰尘过滤,以防止排出的气体污染环境和影响操作人员身体的健康。

图 5.20　清扫车

5.8　道面强度测试车

机场道面强度测试的目的是确定道面的结构强度是否符合当前和预计运行的飞机的安全使用。常用两种方法进行测试:理论法——勘察道面结构(包括取样)、查看施工图纸,计算道面强度;实验法——对道面加载静荷载或震动荷载,并测量道面承载点的局部变形数据,然后计算出道面强度。

道面强度测试车是实验法测试道面强度的专用设备,由其他车辆牵引(见图 5.21)。

图 5.21　道面强度测试车

5.9　消防车

从统计学上看,乘坐飞机是最安全的出行方式,但也难免会发生事故,因此机场需要配备相关救援设施以随时应对突发事件。机场消防车是机场必备的救援设备,是专用于飞机失事火灾的扑救和营救人员的一种大型化学消防车,由于其工作特点及所处环境的特殊性,机场消防车较普通消防车有更高的性能要求。

机场消防车装载大量的泡沫灭火剂以及干粉灭火剂,还配有各种消防救援装备和破拆工具,底盘具有良好的机动性能和越野性能,并可以在行驶过程中喷射灭火剂,这是和普通灭火消防车的显著区别。

根据功能不同,机场消防车分为快速调动车和主力泡沫车。

快速调动车(见图 5.22)也称头车,灭火能力较小,但速度高、加速快、发动机无需预热。它的作用是在主力泡沫车未到达飞机失事地点前,先对失事飞机进行灭火扑救,尽快控制火势,防止火势继续蔓延。

图 5.22　快速调动车

主力泡沫车(见图 5.23)也称主车,灭火能力强(见图 5.24)、适应性高、装备器材齐全,是机场发生飞机失事时的主要灭火和救援车辆。

图 5.23 主力泡沫车

图 5.24 主力泡沫车作业

5.10 救护车

救护车(见图 5.25)是救助病人的车辆。一般情况下,机场都建在偏离市区的位置,一旦出现旅客生病、飞机失事等突发情况,医院的救护车无法及时抵达。为了更及时地抢救遇险人员和疾病突发者(见图 5.26),机场必须配备救护车。由于飞机遇险人员可能会掉入周围的荒地中,所以机场医疗救护车采用了越野底盘,具备越野能力,这是区别于普通救护车的最大特点。

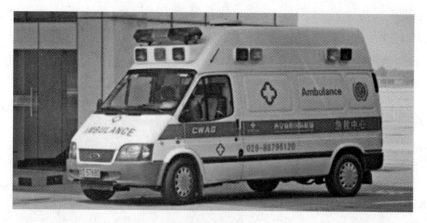

图 5.25　救护车

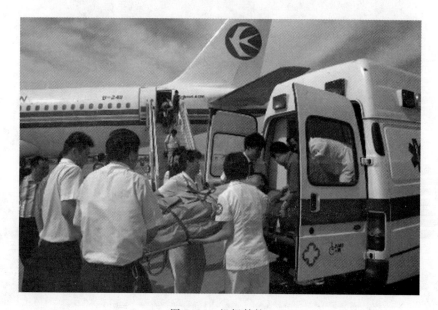

图 5.26　机场救护

5.11　应急救援指挥车

应急救援指挥车(见图 5.27)是在机场出现突发事件时可将事故现场的图像和声音传送到应急中心做应急处理的车辆。机场应急救援指挥车可以起到机场应急指挥场所的作用,当机场出现应急事件时,机场应急救援指挥车可以提供信息的采集、上报事态发展情况,使事件能够快速得到有效的控制。同时,机场应急救援指挥车还具有调度指挥、为事件处置、决策提供技术和装备的支持。

在机场应急事件的处理过程中,仅仅具备完善的后方应急指挥中心是不够的,现场仍然需要强大并可独立指挥的临时指挥中心。机场应急救援指挥车可打造一个应急指挥中心派驻现场应急救援的最高指挥平台。救援人员通过车载摄录设备采集现场视、音频等救灾的信息(见

图 5.28),供指挥人员做出及时准确的救援计划,并通过电台进行调度指挥。机场应急救援指挥车还可同时将救援信息通过无线通信系统回传至运行指挥中心(见图 5.29)或监控中心供领导和专家做远程救援计划。此应急救援指挥车具备快速响应性、可部署性、高灵敏性、多功能性,对实施现场紧急救援指挥工作起到重要作用。

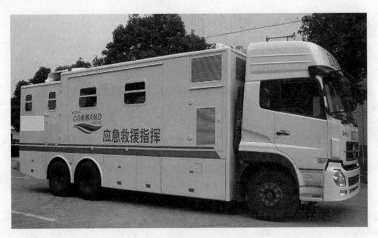

图 5.27　应急救援指挥车

图 5.28　应急救援指挥车内部

图 5.29　机场运行指挥中心

5.12 引导车

引导车(见图 5.30)是大型机场引导飞机滑行的车辆。

图 5.30 引导车

飞机着陆后须滑行至规定机位,然而大型机场的道路系统复杂、机位多,为防止运行冲突、提高运行效率,当机长不熟悉机场情况时,飞机可跟随引导车滑行至规定机位(见图 5.31)。引导车一般使用黄色涂装,在后风挡上贴着明显的反光标志字样或者荧光灯屏显示的"follow me"。

引导车内有车载电台,驾驶员可以随时监听航班运行情况,在管制员指定的机坪入口处等待需引导的进港航班。飞机落地后,飞行员只要跟着相应的引导车就可以安全滑到停机位。有些机场规定飞机滑行必须使用引导车。

由于机坪上的滑行路线比较复杂,引导车就会根据机坪实际运行情况进行滑行路线的选择,对于在飞机计划滑行路线上未能及时发现引导车的车辆和人员鸣笛进行提醒。飞机引导到位后,引导车就会关闭车顶警示灯,迅速驶离飞机滑行路线。

图 5.31 引导车引导飞机

5.13　维护专用车

维护专用车(见图 5.32)又称升降车、飞机维修平台车,是在检查、维护飞机时把机务员升至工作位置的特种车辆。如在检修 APU(辅助动力装置)时,由于 APU 位于机尾,离地面较高,工作人员无法在地面实施检修,必须使用维护专用车把机务员升至机尾高度。维护专用车为检修提供安全、稳定的工作平台。

图 5.32　维护专用车

5.14　充氮车

充氮车(见图 5.33)用于为飞机轮胎、飞机起落架减震支柱和飞机舱门气瓶充氮气。充氮车利用压缩氮气作为动力,充到设定压力后自动停止充气。

图 5.33　充氮车

5.15　叉车

叉车(见图5.34)又叫叉式起重机、铲车或自动装卸机。叉车是一种能把水平运输和垂直起升有效地结合起来的装卸机械,有装卸、起重及运输等方面的综合功能。叉车可以将货物托取和升降,实现对货物的堆垛、拆垛、装卸和短距离的搬运工作。叉车是无轨流动的起重运输机械,也是工程机械的一种。叉车是实现成件货物和散装物料机械化装卸、堆垛和短途运输的高效率工作车辆,广泛用于机场货运部门。

图5.34　叉车

5.16　登机桥

登机桥(见图5.35)又称廊桥,是实现飞机与机场候机楼(或固定桥)之间的活动连接、供旅客及机组人员进出飞机的封闭通道(见图5.36)。根据结构把登机桥分为单通道(见图5.37)、多通道(见图5.38)两种,多通道的登机桥可通过伸缩活动通道改变桥的长度。从登机桥登机是速度最快、成本最低的登机方式,因此大型机场往往建设多个近机位,每个停泊近机位的飞机都可对接登机桥。

图5.35　登机桥

图 5.36　大型机场的登机桥

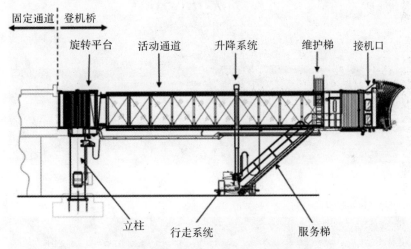

图 5.37　单通道登机桥整体结构图

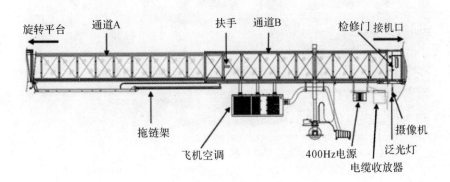

图 5.38　双通道登机桥整体结构图

登机桥含有行走机构和伸缩机构,可在机坪上实现水平旋转与伸缩两种运动,以便灵活对接各型飞机;在与客舱门连接的接机口安装了遮篷,它是可伸缩的防风雨装置,确保旅客登机时不受恶劣天气的影响;登机桥下方还安装了飞机用空调和电源。

5.17　维修工作梯

维修工作梯(见图5.39)是飞机维修人员的辅助工具。由于飞机机体距离地面较高,在检查和维修飞机时,必须借助维修工作梯接近飞机的相应位置并将其作为工作平台(见图5.40)。维修工作梯主体为钢结构,由台阶、工作平台、承重结构组成,一般安装了万向滚轮和支腿,把支腿向上旋转收起即可移动维修工作梯的位置,把支腿向下旋转支起即可固定维修工作梯的位置。

图 5.39　维修工作梯

图 5.40　维修工作梯的使用

第6章 航空地面设备厂商简介

6.1 部分国内厂商

6.1.1 威海广泰空港设备股份有限公司

威海广泰空港设备股份有限公司(见图 6.1)创办于 1991 年,位于山东省威海市,是一家集空港地面设备、消防装备、消防报警设备、特种车辆、无人飞行器等产业于一体的多元化上市集团。空港设备事业部是该公司规模最大、成熟度最高、实力最强的产业板块。其空港地面设备产品有 37 个系列,含所有种类的航空地面设备,覆盖机场维修与服务、飞机货运、油料加注、场道维护、客舱服务和机场消防六大作业单元。

图 6.1 威海广泰空港设备股份有限公司

6.1.2 江苏天一机场专用设备有限公司

江苏天一机场专用设备股份有限公司(见图 6.2)在无锡市天一机场专用设备有限公司的基础上于 2011 年 2 月成立,是机场专用设备制造商。公司主要生产航空地面设备,已有 28 个种类的产品。

6.1.3 中集天达空港设备有限公司

中集天达空港设备有限公司(见图 6.3)位于深圳,是中集集团旗下的企业,其主营业务为旅客登机桥、旅客登船桥、飞机食品车、飞机除冰车、升降平台车、航空货物处理系统、旅客行李处理系统、现代仓储物流系统、自动化立体停车系统等,以登机桥为代表的空港产品在行业中拥有较高占有率。

图 6.2　江苏天一机场专用设备有限公司

图 6.3　中集天达空港设备有限公司

6.1.4　上海航福机场设备有限公司

上海航福机场设备有限公司(见图 6.4)位于上海市大麦湾工业园区,前身为成立于 1997 年的上海航福机械设备有限公司,于 2005 年改名为上海航福机场设备有限公司,专注于航空地勤设备的研发和生产。该公司目前产品包含了行李牵引车、行李传送车、有杆式飞机牵引车、飞机客梯车、飞机清水车、飞机污水车、飞机垃圾车、集装箱板拖车和行李拖车。

图 6.4　上海航福机场设备有限公司

6.1.5　上海中港航空地面设备有限公司

上海中港航空地面设备有限公司(见图 6.5)前身为成立于 1982 年的上海南汇中港航空地面设备厂,1993 年公司改制成为现在的上海中港航空地面设备有限公司。该公司迄今已拥有 30 多年的生产经验,目前产品包含了拖曳式移动廊桥(带雨棚的客梯车和摆渡车之间无缝对接的设备,见图 6.6)、飞机牵引车、飞机电源机组、飞机清水车、飞机污水车、行李传送车、行李牵引车、集装箱板拖车和行李拖车。

图 6.5　上海中港航空地面设备有限公司

图 6.6　拖曳式移动廊桥

6.2　著名国际厂商

6.2.1　法国 TLD

法国 TLD 集团是全球航空地面设备专业制造商中的龙头企业,从事航空地面装备的设计、组装、销售和售后服务支持已有 60 年历史。TLD 集团在全球共有七个工厂负责设计和组装(见图 6.7),它们分布于美洲、亚洲和欧洲,为机场设计和制造一系列完整的航空地面设备,并已形成覆盖全球的销售及售后服务网络,客户包括航空公司、机场、货运代理、地面服务及军事组织。

TLD 集团的历史起始于 1897 的法国里昂的一家以 Mulatier 和杜邦为名的丝绸织造车间,1985 年公司更名为 Teleflex Lionel－Dupont(TLD),1992 年至 1998 年间开始专注于航空地面设备。1997 年,TLD 集团在上海开设了中国的第一家工厂,2008 年第二家中国的工厂在无锡开设,2012 年无锡工厂移址到更大的新厂区。

图 6.7　TLD 集团

6.2.2　德国霍费尔(Goldhofer)

德国霍费尔集团创立于 1705 年,专注于生产重型、超大货物运输设备和航空港地面设备。在梅明根和奥斯特菲尔登有占地 100 000m² 的工厂(见图 6.8),可生产有效载荷介于 20～10 000t的车辆。无杆式飞机牵引车是该公司代表性产品。

图 6.8　Goldhofer 集团

6.2.3　美国卓缤(JBT)

美国卓缤集团是美国著名的食品机械与航空地面设备制造厂商,其前身是成立于 20 世纪 50 年代的食品机械公司(FMC),其产品包含了军用和民用的各类航空地面设备。20 世纪 60 年代,FMC 开始涉足航空地面设备,制造了移动式飞机除冰系统等设备。2008 年 FMC 更名为 JBT 航空技术公司。2010 年后,JBT 分别在中国深圳和昆山开设了制造工厂,生产飞机除冰车和升降平台车等航空地面设备产品(见图 6.9)。2019 年,JBT 收购了私人控股的电动航空地面设备制造商 LEKTRO,其知名产品是电动无杆式飞机牵引车。

图 6.9 卓缤生产车间

6.2.4 美国德事隆(Textron)

美国德事隆集团旗下拥有 TUG、Dougls、Premier 和 Safeaero 四个航空地面设备品牌,其产品包括飞机牵引车、行李牵引车、行李牵引车、飞机空调车、飞机除冰车、飞机电源车和飞机气源车等航空地面设备全套产品(见图 6.10)。这些产品由德事隆集团旗下的德事隆专用车辆公司设计和制造。德事隆集团在中国也有生产基地。

图 6.10 德事隆航空地面设备产品

第7章 航空地面设备的未来发展

7.1 航空地面设备的电动化

7.1.1 航空地面设备电动化的技术发展

全球汽车业正由传统汽车加速向新能源汽车转型。传统汽车是通过燃烧把化石燃料中的化学能最终转化为汽车发动机的机械能,由于存在机械摩擦、发热和排热,该转化的效率最高不超过40%,而最终转化为汽车行驶的动能的转化率则更低,且传统汽车存在排气污染、噪声污染、结构复杂、易故障、检修成本高等缺点。使用内燃式汽车底盘的航空地面设备自然也具备上述缺点。

新能源汽车是指采用非常规的燃料或能量作为动力来源,或把常规的燃料与新型车载动力装置相结合,综合车辆的动力控制和驱动方面的先进技术,形成的具有新技术、新结构的汽车。新能源汽车按动力来源可以分为如下几类:

(1)燃料电池电动汽车:利用氢气等燃料和空气中的氧气在催化剂的作用下经电化学反应产生电能,再依靠电能驱动电动机来实现汽车行驶。

(2)混合动力汽车:同时配有使用传统燃料的发动机和电池驱动的电动机,但配有的动力电池容量较小。动力电池通过发动机驱动的发电机充电,还可通过回收制动能量充电。电动机帮助汽车启停,能改善车辆的低速动力输出和降低油耗。

(3)插电式混合动力汽车:介于纯电动汽车与燃油汽车两者之间,既有传统汽车的发动机和传动系统,也有纯电动汽车的电池、电动机和控制电路,而且电池容量比较大,动力电池可以通过外接电源进行充电。

(4)增程式电动车:在纯电动模式下可以达到其所有的动力性能,而当动力电池无法满足续驶里程要求时,可以打开车载辅助发电装置为动力系统提供电能,以延长续驶里程。

(5)纯电动汽车:动力电池为电动机提供能源,电动机驱动汽车行驶。

在各类新能源汽车中,纯电动汽车以其无废气排放、无噪声污染、高效利用能源、结构简单可靠、使用受环境限制小等独特优点成了新能源汽车发展的重点,电动化也成了汽车未来发展的方向。我国《新能源汽车产业发展规划(2021—2035年)》指出,力争经过十五年持续努力,新能源汽车关键核心技术取得重大突破、融合发展协调高效,纯电动车成为主流,燃料电池商用车实现规模化应用,高度自动驾驶智能网联汽车趋于普及,我国进入世界汽车强国行业。到2025年,新能源汽车销量占当年汽车总销量的20%,2030年,新能源汽车销量占当年汽车总销量的40%。目前,由于在续航里程、充电时间上尚有关键问题未解决,因此民用汽车的电动化近年来尚未加速,电动汽车在市场上的占有率偏小。然而,纯电动汽车技术在航空地面设备的应用上却几乎不受续航里程和充电时间的限制,因为航空地面设备在机场内行驶距离有限,而机场内可多点设置充电桩(见图 7.1),在航空地面设备的使用过程中可做到随用随充(见图 7.2 和图 7.3),所以航空地面设备的电动化比民用汽车的电动化更快、更全面、更实用。

如今,国内外各大航空地面设备生产商均已推出各类采用纯电动汽车底盘的航空地面设备,包括加油车在内的所有航空地面设备均可实现电动化(见图 7.4~图 7.6)。此外,不仅仅航空地面设备的底盘可以电动化,随着电池技术的进步,还出现了新型的航空地面设备,如蓄电池静变电源(见图 7.7),以大型蓄电池取代飞机电源车上的柴油发电机组;用于远机位的新型太阳能蓄电池静变电源(见图 7.8),以太阳能充电代替电网充电。

图 7.1 机场内的充电桩

图 7.2 电动航空地面设备充电

图 7.3　电动航空地面设备充电

图 7.4　电动管线加油车(锂电)

图 7.5　电动摆渡车(锂电)

图 7.6　各类电动航空地面设备保障航班

图 7.7　新型蓄电池静变电源

图 7.8　新型太阳能静变电源

7.1.2　我国航空地面设备电动化的背景与现状

由于地球环境不断恶化,尤其是温室效应不断加剧,所以节能减排已是全球各行各业的普遍要求。在此背景下,坚持绿色低碳理念、建设绿色机场是民航业满足增长需求、推进可持续发展的必然方向,也是推动我国民航业高质量发展的重要举措,并已成为各国民航业的普遍共识。

绿色机场是指通过科学合理利用各类资源和能源,减少或者消除对周边自然环境和生活区的影响,建设节能、舒适、高效、可持续发展的生产、生活空间。推进绿色机场建设,节能减排是基本要求和首要任务。从民航局发布的能耗数据来看,在民航业用能中,94％是航空燃油,3％是机场能耗。从组成上看,机场用能主要由航空地面设备、灯光照明、空调和暖通系统等设备消耗。尽管机场能耗占民航业总能耗比例不高,但是能耗绝对量高达几十万吨标准煤,具有很大的节能潜力。根据民航业能耗特点,推进航空地面设备"油改电"、桥载设备替代飞机APU是机场节能减排的主要手段。

所谓"油改电",是指将航空地面设备由传统化石能源驱动改造或替换为电能驱动。电动汽车的应用,不仅可以推动机场航空地面设备的升级转型,促进节能降耗和区域空气质量的提升,更是贯彻落实国家生态文明建设战略部署和适应新常态、实现绿色与发展相结合的重要举措。

十九大报告指出:坚持全民共治、源头防治,坚持实施大气污染防治行动,打赢蓝天保卫战;2018年6月,国务院关于印发打赢蓝天保卫战三年行动计划的通知;同年9月,民航局发布了贯彻落实《打赢蓝天保卫战三年行动计划》工作方案的通知,提出了机场内新能源航空地面设备的购置要求:自2018年10月1日起,除了消防、救护、除冰雪、加油设备及无新能源产品设备、车辆外,全国重点区域机场新增或更新场内用设备、车辆应100％使用新能源;其他区域机场新增或更新的场内设备、车辆中,新能源设备、车辆占比应不低于50％,且新能源车辆必须是纯电动。

可见,实施"油改电"项目是贯彻落实党中央,国务院"五位一体"总体布局,打赢污染防治攻坚战的具体落实措施;实施"油改电"项目对于减少机场场内污染物排放,节省燃油,提升机场区域空气质量有现实意义;实施"油改电"项目也可以有效地促进我国机场特种车辆产业的升级转型和发展壮大,增强我国民航业的发展后劲。

据不完全统计,航空地面设备消耗的柴油约占机场总能耗的13％,减少航空地面设备的燃油消耗是节能减排工作的重要突破点。近年来,民航局在多个大型机场开展了航空地面设备"油改电"的试点,开展了航空地面设备"油改电"项目建设工作,机场及驻场单位采购多种电动航空地面设备,包括飞机牵引车、客梯车、行李传送车、旅客摆渡车、飞机引导车、勤务车、货运拖车、货运叉车等,基本覆盖了目前民航适合电动化的所有种类,并在近机位、远机位及货运区配套安装了充电桩。据初步统计,平均每百辆电动航空地面设备每年减少燃油消耗1000t,年减少标煤消耗1 200t,节能效益达700万元,年减少排放二氧化碳2 500t。

此外,对于可对接登机桥的近机位,尽量用桥载设备替代APU(飞机辅助发动机)支援项目——供电和空调。飞机不仅在空中飞行需要消耗燃油,在地面过站停靠阶段,若依靠自身的电力系统和空调系统运行也需要消耗燃油。国内机场飞机的过站时间一般为60～90min。根据机型分类,主力运输机型每小时运行APU,平均消耗航空煤油约为100～400kg,每小时排放二氧化碳为360～1500kg。从航空公司角度考虑,飞机过站期间或航后关闭APU,采用桥载设备为飞机提供电源和空调服务,可以有效地减少航空燃油消耗,降低运行成本。以成都双流机场为例,共有 69 座登机桥安装了电源和空调,覆盖了场内所有的近机位,航空公司累计使用率高达 88%。大量过站和航后航班能够关停飞机 APU 作业,大幅度改善了机坪作业环境,年减少排放二氧化碳 9.8×10^4 t,减少航空燃油消耗 3.1×10^4 t,年节约能耗费用 1.28 亿元。此外,采用桥载电源和空调后,由于关闭了飞机 APU,从而大大降低了机场的噪声污染。

预计十四五期间,民航业将实现全国范围内的航空地面设备全面电动化。

7.2　航空地面设备的智能化

7.2.1　航空地面设备智能化的背景

伴随民航业而产生和发展的航空地面设备,已服务民航近百年。在人工指挥调度的模式下,其运行效率已遭遇瓶颈。尤其在大型机场,飞行区地面交通管理系统复杂,航班多、车辆多、工作人员多,航空地面设备的地面交通管理、调度管理、维修管理已出现设备、人员和管理的不协调,导致运行环境紧张和人为因素引发的安全事故多发(见图 7.9),而在空间和时间上又存在设备与人力的资源浪费,从而制约了行业的进一步发展。

图 7.9　人为因素引发的航空地面设备安全事故

为进一步提高航空地面设备的运行效率、降低运行成本、减少安全事故,自动行驶、自动对接飞机等智能化运行将成为航空地面设备发展的必然方向。

当前中国已跃升成为全球第二大民航市场。近年,民航业迎来重大机遇——我国新型基础设施建设政策。民航业的未来发展将融入"新基建"之中,以推进民航全面数字化和智能化。在基于物联网的第四次工业革命到来之际,新技术大量并高速涌现,民航业也面临升级再造,而中国的数字经济和互联技术已居于世界前列。"新基建"正是将二者有机结合,从而探索出一条数字时代传统行业转型的新路径。民航领域的"新基建"包括民航数字基建和智能基建,未来民航业的竞争力很大程度上取决于数字化和智能化等创新应用的发展。

智能化转型是民航业大势所趋。对于航空制造业和民航运输业,智能化就是金钱,安全就是生命。智能化对于航空业意味着安全、高效和降低成本,在航空制造和民航运营上价值巨大。智能化已成为全球航空业公认的新价值增长点,而中国的数字经济发展已经居于世界前列。航空业如果与新技术融合发展将大有作为。在民航运输业,航空数字化意味着航空公司将通过数字化手段提高运行效率和安全性——更智能安全的飞机和设备、更好的飞行体验和更低的运行成本。

民航业在"新基建"中的突破口之一是航空公司、机场单位及空管等民航业主体自身的数字化转型和智能化升级,提升飞机与航空地面设备的运行安全、运行效率和生产组织能力,推动行业高质量的发展。以四川航空为例,采用了智能保障系统,该系统实现了 68 个保障节点信息采集,将人员的平均等待时间减少 15min,人工传递信息量减少 30%,生产运行效率则提升 40%。

7.2.2 航空地面设备智能化的技术发展

航空地面设备的智能化基于数字化与信息化。

数字化是将连续变化的模拟信息(如长度、角度、速度)转变为离散的、非连续变化的数字信息,再把这些数字信息转变为一系列二进制代码,引入计算机内部,进行统一处理,这就是数字化的基本过程。例如,人工驾驶传统航空地面设备时,在行驶过程的转向操作均取决于人的肢体运用,无法把转向操作精确量化,而数字化操作则是控制计算机向转向机构发出数字信号,再由伺服电机等装置精确控制转向角度。航空地面设备上的各类传感器(如速度传感器、位置传感器等)将收集的各种信息转变为数字信号发送至控制计算机,控制计算机发出的数字信号实现对操作的精确控制,大大提升了航空地面设备的安全性和精确性。

信息化是指航空地面设备与机场航空地面设备运行控制中心(见图 7.10)通过信息连接起来,即物联网管理系统。在这个管理系统中,包含了二次雷达多点定位和设备身份识别系统、北斗卫星定位系统、数据传感器、视频监控系统、无线网络通信系统、广播式自动相关监视装置、中央控制系统以及预警系统等分系统。每个分系统都承担着相应的任务功能,设备身份识别系统用于航空地面设备的身份识别;北斗卫星定位系统和二次雷达多点定位系统用于对航空地面设备的精确定位;数据传感器用于实时采集航空地面设备的各种运行数据;视频监控系统用于管理人员实时监控航空地面设备的运行情况及其操作人员的操作过程;无线网络通信系统将所有各类数据和视频信息实时传输至运行控制中心的中央控制系统以及预警系统,实现航空地面设备运行时的信息化。

图 7.10 航空地面设备运行控制中心

　　运行控制中心的中央控制系统根据工作人员预先设定的命令和程序向航空地面设备的控制计算机发出行驶、对接飞机等任务指令,控制计算机根据任务指令和传感器信息向航空地面设备的各部件发送操作信号,实现航空地面设备的自动行驶(见图 7.11)、自动对接飞机(见图 7.12)等操作,同时航空地面设备运行控制中心的工作人员可随时监控或人工介入操作航空地面设备的运行(见图 7.13),这些操作即智能化。

　　中央控制系统以及预警系统对数据进行存储、分析和预警,广播式自动相关监视(ADS - B)为相关工作人员提供可视化图形的辅助和指示,可有效地降低航空地面设备与地面飞机存在的严重危险(如碰撞、气流冲击和损坏等)。在物联网技术的支持下,智能管理系统能够充分协调每个模块并发挥功能,对航空地面设备进行全方位的监控与管理,实现对航空地面设备作业的关键节点进行实时管控,同时通过大数据分析和处理,实现车辆业务流程的可视化、信息实时显示(见图 7.14~图 7.16)、数据在线查询、维护保养自动提醒以及自动故障报警等。

图 7.11　航空地面设备自动行驶

图 7.12　航空地面设备自动对接飞机

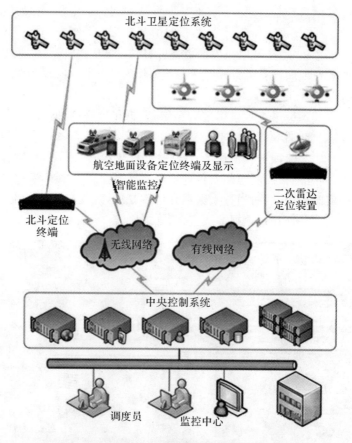

图 7.13　智能航空地面设备安全运行管理系统

图 7.14　驾驶室内的人脸识别系统

图 7.15　驾驶室外的监控信息

图 7.16　机坪的监控信息

参 考 文 献

[1] 张积洪.民航特种车辆操作工[M].北京:中国民航出版社,2005.

[2] 徐红波,李家宇.航空地面设备构造与维修(机务类)[M].西安:西北工业大学出版社,2016.

[3] 白建坤,林小凤.航空地面设备构造与维修(货运类)[M].西安:西北工业大学出版社,2018.

[4] 薛元飞.物联网技术下的智能车辆管理系统设计和应用[J].电子技术与软件工程,2019(9):258.

[5] 张迪,赵长勇,金亮.机场地面飞机自动监视车载装置的设计与研究[J].计算机工程与应用,2016(18):246-251.

[6] 傅海军.践行绿色理念 建设绿色机场[N].中国民航报,2018-11-21(001,003)。

[7] 呼涛,毛振华,黄兴."新基建"探索数字时代传统行业转型路径[N].经济参考报,2020-6-8(A08).